Teubner Studienskripten Elektrotechnik

Ebel,   Regelungstechnik
             2., überarbeitete Auflage.
             16o Seiten. DM 1o,8o

Ebel,   Beispiele und Aufgaben zur Regelungstechnik
             151 Seiten. DM 8,8o

Eckhardt,   Numerische Verfahren in der Energietechnik
             2o8 Seiten. DM 16,8o

Freitag,   Einführung in die Vierpoltheorie
             128 Seiten. DM 9,8o

Frohne,   Einführung in die Elektrotechnik

             Band 1 Grundlagen und Netzwerke
             3., überarbeitete und erweiterte Auflage.
             172 Seiten. DM 1o,8o

             Band 2 Elektrische und magnetische Felder
             3., durchgesehene und erweiterte Auflage.
             281 Seiten. DM 14,8o

             Band 3 Wechselstrom
             3., durchgesehene Auflage.
             2oo Seiten. DM 12,8o

Gad,   Feldeffektelektronik
             266 Seiten. DM 16,8o

Haack,   Einführung in die Digitaltechnik
             2., überarbeitete und erweiterte Auflage.
             2oo Seiten. DM 12,8o

Harth,   Halbleitertechnologie
             135 Seiten. DM 9,8o

Heidermanns, Elektroakustik
             138 Seiten. DM 12,8o

Hilpert,   Halbleiterbauelemente
             2., durchgesehene Auflage.
             158 Seiten. DM 1o,8o

Kirschbaum, Transistorverstärker

             Band 1 Technische Grundlagen
             215 Seiten. DM 12,8o

             Band 2 Schaltungstechnik Teil 1
             231 Seiten. DM 14,8o

             Band 3 Schaltungstechnik Teil 2
             248 Seiten. DM 15,8o

Morgenstern, Farbfernsehtechnik
             23o Seiten. DM 14,8o

v. Münch, Werkstoffe der Elektrotechnik
             3., neubearbeitete und erweiterte Auflage.
             254 Seiten. DM 14,8o

Preisänderungen vorbehalten

Zu diesem Buch

Dieses Skriptum behandelt die "Grundlagen der
Elektroakustik" als Vorlesung an der Gesamthochschule Wuppertal, Fachbereich Elektrotechnik. Es setzt elementare mathematische Grund-
kenntnisse, die Grundlagen der Elektrotechnik
und Physik und die einfachsten Begriffe der
Nachrichtentechnik voraus. Die Behandlung be-
ginnt jeweils bei den physikalischen Grundlagen
und umspannt den gesamten Bereich bis zur
Systemanwendung.

Dieses auch zum Selbst- und Fernstudium geeignete Skriptum wendet sich vorwiegend an
Studenten an Universitäten, Gesamthochschulen
und Fachhochschulen sowie auch an den Ingenieur und Praktiker als Nachschlagewerk und
Gedächtnisstütze.

Elektroakustik

Von Prof. Dipl.-Ing. K. Heidermanns
Gesamthochschule Wuppertal

Mit 78 Bildern

B. G. Teubner Stuttgart 1979

Professor Dipl.-Ing. Klaus Heidermanns

193o in Bonn am Rhein geboren. 195o Abitur in Jülich.
1951 bis 1958 Studium der Hochfrequenz- und Nachrichtentechnik an der Rheinisch-Westfälischen Technischen
Hochschule Aachen. Von 1958 bis 1964 Planungsingenieur
für Fernsprech-Vermittlungsanlagen bei der Firma Sie-
mens & Halske im Wernerwerk Fg in München (eine Patent-
schrift). 1964 Baurat und Dozent für Niederfrequenztech-
nik an der Staatlichen Ingenieurschule für Maschinen-
wesen und Elektrotechnik in Wuppertal. Mit der Umwandlung der Ingenieurschule in eine Fachhochschule ab 1972
Fachhochschullehrer ebendort. Nach Gründung der Gesamthochschule Wuppertal 1975 Ernennung zum Professor für
Fernmeldetechnik und Elektroakustik.

ISBN 978-3-519-00080-8   ISBN 978-3-663-01106-4 (eBook)
DOI 10.1007/978-3-663-01106-4

CIP-Kurztitelaufnahme der Deutschen Bibliothek

Heidermanns, Klaus:
Elektroakustik / von K. Heidermanns. - Stuttgart :
Teubner, 1979.
   (Teubner Studienskripten ; Bd. 8o : Elektro=
   technik)

Binderei: Clemens Maier KG, Leinfelden-Echterdingen 2
Umschlaggestaltung: W. Koch, Sindelfingen

Vorwort

Die innerhalb der letzten Jahre erfolgte enorme Ausbreitung
der Unterhaltungselektronik sowie das immer größer werdende
Interesse an akustischen Vorgängen auch hinsichtlich des
Lärm- und Umweltschutzes haben eine Menge von Fragen aufge-
worfen, die zum Teil aus Unkenntnis der elementaren Zusammenhänge in der Elektroakustik entstanden sind. In der modernen Literatur findet man nur sehr wenige Veröffentlichun-
gen über diese Themen, die entweder sehr wissenschaftlich
gehalten sind und sich daher nur an einen kleinen mathematisch bewanderten Kreis von Lesern wenden, oder aber sich
in mehr oder weniger laienhafter und vereinfachender Darstellung mit den Problemen der Anwendung befassen, ohne auf
die elektroakustischen Grundlagen und Zusammenhänge einzu-
gehen.

Im Bestreben, diese Lücke auszufüllen, ist dieses Skriptum
entstanden. Es entspricht damit einem vielfach an mich her-
angetragenen Wunsch und enthält in gedrängter Form die Grundlagen der Elektroakustik, soweit sie z. Zt. an der Gesamthochschule Wuppertal gelehrt werden. Der Inhalt wird durch
die parallel zur Vorlesung laufenden Praktikumsversuche er-
läutert und ergänzt, die hier aus Platzgründen nicht aufge-
führt werden können. Aus diesem Grunde erhebt das Skriptum
keinen Anspruch auf Vollständigkeit.

Die verwendeten mathematischen Hilfsmittel wurden bewußt ele-
mentar gehalten, da dies für die Behandlung der Probleme
vollständig ausreicht. Dadurch eignet sich dieses Skriptum
sowohl als Vorlesungshilfe für Studenten an Hochschulen oder
Fachhochschulen, um das lästige Mitschreiben zu ersparen und
so eine erhöhte Konzentration auf die Form und den Inhalt
der Vorlesungen zu ermöglichen, als auch als Unterlage zu
einem Selbst- oder Fernstudium sowie als Nachschlagewerk
oder zur Einarbeitung in elektroakustische Probleme für den
Praktiker.

Bei der Einteilung des Stoffes wurde großer Wert auf Über-
sichtlichkeit sowie schrittweise Einführung in die Grundlagen der Elektroakustik gelegt. Zunächst werden die Kenngrö-
ßen des Schallfeldes, die Auswirkungen und Meßmöglichkeiten
von Schallverzerrungen sowie Ausbreitungsphänomene behandelt. Ein besonderes Kapitel ist der durch die Eigenarten
des menschlichen Gehörs bedingten Schallwahrnehmung gewid-
met, in dem auch auf Lautstärke-, Richtungs- und Stereoef-
fekte eingegangen wird. Ein wesentlicher Teil dieses Skriptums enthält die Beschreibung von Schallerzeugern und Schallempfängern auch hinsichtlich ihrer Einsatzmöglichkeiten; und
schließlich werden einige Verfahren der Schallkonservierung
und -wiedergabe behandelt.

Es würde den Rahmen dieses Skriptums bei weitem übersteigen,
wenn die Vielfalt aller Anwendungsgebiete behandelt würde.
So mußte auf die Darstellung spezieller Probleme der Akustik, wie z. B. in der Meßtechnik oder Raumakustik, verzichtet werden. Ein tieferes Eindringen in den Stoff ist anhand
der angegebenen Literaturbeispiele möglich.

Wuppertal, im April 1979   Klaus Heidermanns

Inhaltsverzeichnis

1 Schallfeld

1.1 Schallwellen

Die Lehre vom Hörschall (Akustik) befaßt sich mit Schwingungen solcher Frequenzen, die als Schall den Gehörsinn erregen.
Sie können in festen, flüssigen und gasförmigen Medien vorhanden sein und entstehen, wenn Materieteilchen nach dem
Verlassen ihrer Gleichgewichtslage um diese infolge ihrer
Trägheits- und Elastizitätskräfte schwingen. Diese Schwingungen haben im allgemeinen sinusförmigen Verlauf, der auch
von der Pendelbewegung und vom Wechselstrom her bekannt ist.

Ist $\hat{a}$ die Schwingungsamplitude, f die Anzahl der Schwingungen pro Sekunde, ω die Winkelgeschwindigkeit und φ die Phase
zur Zeit t = 0, dann läßt sich die Auslenkung a eines schwingenden Teilchens aus der Ruhelage zur Zeit t ausdrücken als

$$a = \hat{a}\,\sin\,(2\pi ft - \varphi) = \hat{a}\,\sin\,(\omega t - \varphi) \qquad (1.1)$$

Diese Pendelbewegung greift auch auf benachbarte Teilchen
über, wobei die Energie in Fortpflanzungsrichtung wandert.
Dadurch entstehen Dichteschwankungen, im gasförmigen Medium
also periodisch wechselnde
Über- und Unterdrücke.
Diese Druckänderungen verlaufen nicht nur in der Zeit,
sondern auch im Raum sinusförmig. Stellt man die zu
einem bestimmten Augenblick
herrschenden Drücke und Bewegungen in Abhängigkeit von
der Ausbreitungsrichtung dar,
so ergeben sich Sinuswellen.

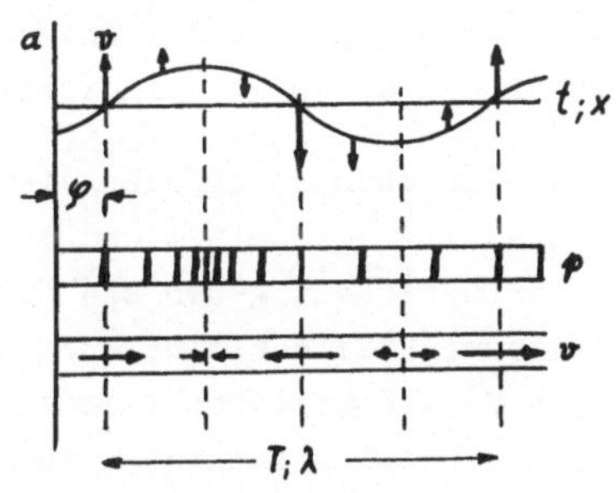

Bild 1 Transversal- und
Longitudinalwelle

Den Abstand zweier aufeinander folgender Punkte gleicher
Phase nennt man die Wellenlänge λ. Schwingen die Teilchen

quer zur Ausbreitungsrichtung (wie im Wasser), dann liegt
eine Transversalwelle vor, schwingen sie in Fortpflanzungsrichtung (wie in Gasen), so handelt es sich um eine Longitudinalwelle. Pfeilrichtung und -länge geben die Bewegungs-
richtung und Schnelle der schwingenden Teilchen an. Bei der
Schallausbreitung zeigt der dicht schraffierte Teil in Bild
1 das Gebiet des Überdruckes, der schwach schraffierte das-
jenige des Unterdruckes an.

Die Wellenlänge λ ist der während einer Schwingungsdauer
T = 1/f zurückgelegte Weg der Wellenenergie. Ist c die Ausbreitungsgeschwindigkeit der Schallwelle, dann gilt

$$f \cdot \lambda = c \qquad (1.2)$$

Für den Augenblickswert a der in Richtung x fortschreitenden
sinusförmigen Welle mit der Amplitude $\hat{a}$ gilt

$$a = \hat{a} \cdot \sin\left[2\pi\left(\frac{t}{T} - \frac{x}{\lambda}\right) - \varphi\right] = \hat{a} \cdot \sin\left[\omega\left(t - \frac{x}{c}\right) - \varphi\right] \qquad (1.3)$$

oder $\qquad\qquad a = \hat{a} \sin(\omega t - \beta x - \varphi)$

mit der Winkelkonstanten $\beta = \frac{2\pi}{\lambda}$. Sie gibt den Winkel im
Bogenmaß an, um den die Phase je Längeneinheit beim Fort-
schreiten der Welle zurückgedreht wird.

Diese Gleichungen drücken die Änderung des Schwingungszu-
standes mit der Zeit t und dem zurückgelegten Weg x aus.
Dem entsprechend geben sie für einen festen Wert von x den
an dieser Stelle eintretenden zeitlichen Verlauf an, für
einen festen Wert·von t dagegen die während dieses Augen-
blicks an allen Punkten x vorhandenen Schwingungszustände
an.

Der durch Schallschwingungen hervorgerufene Schalldruck ist
der auf die Flächeneinheit bezogene, sinusförmig sich ändernde Wechseldruck. Unter der Schallschnelle versteht man die

sinusförmig verlaufende Wechselgeschwindigkeit eines um seine Ruhelage schwingenden Masseteilchens.

Bezeichnet man den Augenblickswert des Schalldruckes mit p,
den der Schallschnelle mit v, dann werden mit $\hat{p}$ bzw. $\hat{v}$ deren
Höchstwerte oder Amplituden bezeichnet. Unter Berücksichtigung der Maßeinheiten gilt

$$p_{eff} = \frac{\hat{p}}{\sqrt{2}} \quad \text{gemessen in } g\ s^{-2}\ cm^{-1} = \mu\ bar$$

$$v_{eff} = \frac{\hat{v}}{\sqrt{2}} \quad \text{gemessen in } cm\ s^{-1}\ .$$

Die allgemeine Fassung der Schwingungsgleichung (1.3) kann
sowohl auf den Schalldruck p als auch auf die Schnelle v
angewandt werden, wenn a den Augenblickswert und $\hat{a}$ den
Höchstwert darstellt.

In Analogie zur Elektrotechnik kann der Schalldruck p mit
der Wechselspannung u, die Schnelle v mit der Stromstärke i
und das Verhältnis beider mit dem Ohmschen Widerstand ver-
glichen werden; man erhält den Schallwellenwiderstand oder
die Schall-Kennimpedanz Z_0

$$\frac{p}{v} = Z_0 = 428\ N\ s\ m^{-3}\ \text{(in Luft)} \tag{1.4}$$

1.2 Schallgeschwindigkeit

Die Energieübertragung durch Wellen geht unter periodischem
Wechsel von potentieller und kinetischer Energie vonstatten.
Die Übertragungsgeschwindigkeit hängt daher von der Elasti-
zität und der Dichte des Mediums ab.

Die Schallgeschwindigkeit c in Gasen kann aus der mittleren
Dichte ρ und der Volumelastizität, die bei unveränderlicher
Temperatur gleich dem mittleren Gleichdruck p_0 des Gases ist,

ermittelt werden. Da aber bei der Schallbewegung infolge
Kompression und Dekompression Temperaturänderungen auftreten, die sich wegen des schnellen Wechsels nicht ausgleichen
können, wird die Volumelastizität in diesem Falle nicht
durch p_0, sondern durch das Produkt $\gamma\, p_0$ ausgedrückt, dabei
ist $\gamma = c_p/c_v$ das Verhältnis der spezifischen Wärmen des
Gases bei konstantem Druck bzw. konstantem Volumen.

Wird die Luftsäule eines offenen, unendlich langen Rohres
mit dem konstanten Querschnitt A durch eine Schallwelle erregt, so daß die Welle im Rohr während der Zeit t den Weg
$x = c \cdot t$ zurücklegt, dann ist die das Teilchen in seine Ruhelage zurückführende Kraft (mit λ als Wellenlänge, T als
Schwingungsdauer, c als Schall- und $v = \Delta x/\Delta t$ als Teilchengeschwindigkeit)

$$F_r = A\ \gamma\ p_0\ \Delta x/x = A\ \gamma\ p_0\ v/c \qquad (1.5)$$

zugleich die Kraft für die Beschleunigung a der Luftmasse
einer Säule von der Wellenlänge λ, also

$$F_a = A\ \lambda\ \varrho\ a = A\ (c\ T)\ \varrho\ v/T = a\ \varrho\ c\ v \qquad (1.6)$$

Es gilt daher die Beziehung (1.5) = (1.6)

$$A\ \gamma\ p_0\ v/c = A\ \varrho\ c\ v$$

Hieraus läßt sich für alle Gase die Schallgeschwindigkeit
ermitteln

$$c = \sqrt{\frac{\gamma\ p_0}{\varrho}} \qquad (1.7)$$

Für Luft ist $\gamma = 1{,}41$ und $\varrho = 1{,}293 \cdot 10^{-3}$ g cm^{-3} bei 0° C und
$p_0 = 1{,}013$ bar. Setzt man diese Werte in Gleichung (1.7) ein,
so ergibt sich die Schallgeschwindigkeit $c_0 = 331$ m/s.

Für normal feuchte Luft der Temperatur ϑ gilt allgemein

$$c_\vartheta = c_0 \sqrt{1 + \delta\vartheta} \quad \text{m/s}, \tag{1.8}$$

dabei ist $\delta = 1/273\ {}^\circ\text{C}^{-1} = 0,00366\ {}^\circ\text{C}^{-1}$ der Ausdehnungskoeffizient der Luft. Die Schallgeschwindigkeit in Luft von 20 $^\circ$C ist demnach

$$c_{20} = 331 \sqrt{1 + 0,00366 \cdot 20} \quad \text{m/s} = 343 \text{ m/s}.$$

Betrachtet man die Gleichungen (1.7) und (1.8), so ist zu erkennen, daß c mit steigender Temperatur zunimmt, dagegen aber unabhängig vom Luftdruck p_0 ist, weil dieser und die Dichte einander proportional sind. Auch die Wellenlänge und die Amplitude der Schallschwingung sind ohne Einfluß auf die Ausbreitungsgeschwindigkeit, solange sich die Temperatur nicht ändert.

Es folgen zum Vergleich einige Schallgeschwindigkeiten:
Sauerstoff   bei 20 $^\circ$C : 316 m/s
Stickstoff   bei 20 $^\circ$C : 338 m/s
Wasserstoff bei 20 $^\circ$C : 1305 m/s
Seewasser   bei 15 $^\circ$C : 1498 m/s
Benzin   bei 16 $^\circ$C : 1166 m/s
Eisen   : 5000 m/s

1.3 Feldstärke, Strahlungswiderstand

Werden Schallwellen von einer pulsierenden Kugel erzeugt, deren gesamte Oberfläche mit konstanter Geschwindigkeitsamplitude konphas nach innen und außen schwingt (Strahler 0. Ordnung), dann breiten sich die entstehenden Wellen kugelsymmetrisch aus.
Bei einem Kugelstrahler mit einem gegenüber der Wellenlänge vernachlässigbar kleinen Volumen vermindert sich die Energie-

dichte in dem Maße, wie die durchflutete Fläche $A = 4\,r^2\pi$
der durchströmten Kugelschalen mit wachsender Entfernung r
vom Mittelpunkt der Kugel zunimmt. In einem verlust- und
wirbelfreien Schallfeld stellen die senkrecht vom Schallfluß

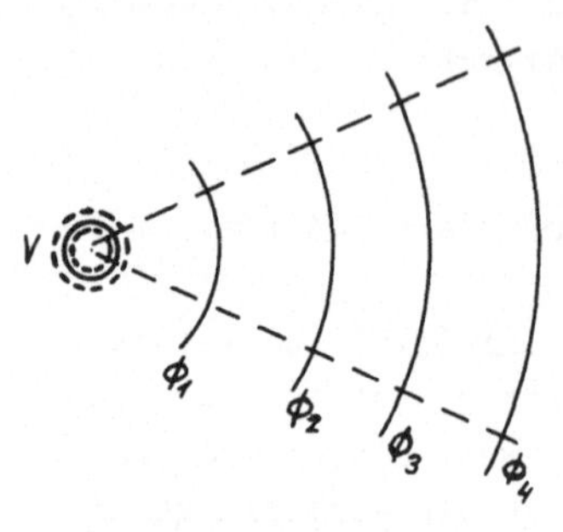

Bild 2 Niveauflächen einer
        Kugelwelle

durchsetzten Kugelflächen Ni-
veauflächen dar, auf denen die
Schnelle v immer den gleichen
Wert besitzt.

Ist $\hat{q} = \Delta V\cdot\omega$ der Geschwindigkeitshöchstwert der sinusförmig
verlaufenden Volumänderung,
$\omega = 2\pi f = 2\pi/T$ die Kreisfrequenz und $\beta = 2\pi/\lambda$ die Winkelkonstante, dann läßt sich der
Augenblickswert ϕ des linear
mit r abnehmenden Geschwindig-
keitspotentials der Mediumteilchen einer Schallwelle im Abstand r vom Quellpunkt in Kugelkoordinaten darstellen als

$$\phi = -\frac{\Delta V\cdot\omega}{4\pi r}\,\sin(\omega t-\beta r) = -\frac{\hat{q}}{4\pi r}\,\sin(\omega t-\beta r) \quad (1.9)$$

An der betrachteten Stelle liefern die <u>zeitliche</u> Änderung
des Geschwindigkeitspotentials multipliziert mit der Luftdichte ρ den Schalldruck

$$p_r = \rho\,\frac{\partial\phi}{\partial t} = -\rho\,\frac{\hat{q}\cdot\omega}{4\pi r}\,\cos(\omega t-\beta r) \quad (1.10)$$

und die <u>räumliche</u> Änderung des Potentials die Schallschnelle

$$v_r = -\frac{\partial\phi}{\partial r} = -\frac{\hat{q}\cdot\beta}{4\pi r}\left[\cos(\omega t-\beta r) + \frac{\sin(\omega t-\beta r)}{\beta r}\right] \quad (1.11)$$

Der erste Summand der Klammer stellt die linear mit r kleiner werdende Wirkkomponente, die proportional der Strahlungs-
leistung ist, dar, während der zweite Summand die mit r^2 ab-
nehmende Blindkomponente, ein Maß für die Phasendrehung z.B.

infolge der Massenträgheit, angibt. Beide Summanden lassen
sich mit

$$\frac{1}{\beta r} = \tan\varphi = \frac{\sin\varphi}{\cos\varphi} \; ; \; \frac{1}{\cos\varphi} = \sqrt{1 + \tan^2\varphi} = \sqrt{1 + (\frac{1}{\beta r})^2}$$

zu einem Ausdruck mit dem Phasenwinkel φ zusammenfassen zu

$$v_r = - \frac{\hat{q}\,\beta}{4\pi r} \sqrt{1 + (\frac{1}{\beta r})^2} \left[\cos(\omega t - \beta r)\cdot\cos\varphi + \sin(\omega t - \beta r)\cdot\sin\varphi\right]$$

Setzt man $\beta = 2\pi/\lambda$, so wird

$$v_r = - \frac{\hat{q}}{2\lambda r} \sqrt{1 + (\frac{\lambda}{2\pi r})^2} \cdot \cos(\omega t - \beta r - \varphi)$$

Mit $\lambda = c/f = 2\pi c/\omega$ (1.2) und $\tan\varphi = \frac{\lambda}{2\pi r}$ wird

$$v_r = - \frac{\hat{q}\,\omega}{4\pi rc} \sqrt{1 + (\frac{\lambda}{2\pi r})^2} \cdot \cos(\omega t - \beta r - \varphi) \qquad (1.12)$$

φ gibt den Phasenwinkel an, um den der Schalldruck der
Schallschnelle voreilt. Der Phasenunterschied wächst mit An-
näherung an den Quellpunkt und strebt dem Wert $\varphi = \pi/2$ zu;
er geht dagegen mit wachsender Entfernung gegen O. Zugleich
nimmt der Wurzelfaktor den Wert 1 an, und die Blindkomponente
der Schnelle verschwindet. Damit wird die Amplitude der
Schnelle gleich dem Wirkanteil

$$\hat{v}_{rw} = \hat{v}_r \cos\varphi = \hat{v}_r / \sqrt{1 + (\frac{\lambda}{2\pi r})^2} = - \hat{q}\,\omega/(4\pi rc) \qquad (1.13)$$

Für $r \gg \lambda$ oder $\varphi = 0$ wird nach (1.10) und (1.13)

$$\frac{\hat{p}_r}{\hat{v}_r} = \rho\cdot c \;. \qquad (1.14)$$

Die Amplitudenwerte von Druck und Schnelle unterscheiden
sich durch den Faktor $\rho\cdot c$.

Aus den Bestimmungsgleichungen (1.10) und (1.11) für Druck
und Schnelle geht hervor, daß beide im verlustfreien Schallfeld linear mit der Entfernung von der Quelle abnehmen. Solange r noch nicht gegenüber λ vernachlässigt werden kann,
spricht man von einer Kugelwelle. An allen auf einer Kugel-
fläche liegenden Punkten sind die Werte für Druck bzw. Schnelle gleich. Der Phasenwinkel φ wird mit wachsendem r kleiner.
Ist $r \gg \lambda$, dann handelt es sich um eine ebene Welle. Hier
liegen die gleichen Feldstärken von Schalldruck und Schallschnelle auf gleicher Wellenfront, d.h. sie sind miteinander
in Phase.

Bei einer Kugeloberfläche, deren Halbmesser r_0 nicht mehr
gegenüber der Wellenlänge vernachlässigt werden kann, ergibt
sich aus dem Geschwindigkeitspotential die Schallschnelle im
Aufpunkt r_0

$$v_{ro} = -\frac{\partial \phi}{\partial r_0} = -\frac{\hat{q}\,\beta}{4\pi r_0}\left[\cos(\omega t - \beta r_0) + \frac{\sin(\omega t - \beta ro)}{\beta\,ro}\right] \quad (1.15)$$

Setzt man für $1/\beta r_0 = \tan\psi = \sin\psi/\cos\psi$, so ergibt sich

$$v_{r_0} = -\frac{\hat{q}\,\beta}{4\pi r_0}\cdot\frac{\cos(\omega t - \beta r_0)\cdot\cos\psi + \sin(\omega t - \beta r_0)\cdot\sin\psi}{\cos\psi}$$

$$v_{r_0} = -\frac{\hat{q}\,\beta}{4\pi r_0}\cdot\frac{\cos(\omega t - \beta r_0 - \psi)}{\cos\psi}$$

$$= -\frac{\hat{q}\,\beta}{4\pi r_0}\sqrt{1 + \left(\frac{1}{\beta r_0}\right)^2}\cdot\cos(\omega t - \beta r_0 - \psi) \quad (1.16)$$

und der Schalldruck

$$p_{r_0} = \rho\,\frac{\partial \phi}{\partial t} = -\rho\,\frac{\hat{q}\,\omega}{4\pi r_0}\cos(\omega t - \beta r_0) \quad (1.17)$$

Die Schalldruckamplitude wird nach (1.13),(1.14) und (1.17):

$$\hat{p}_{r_0} = \rho\,c\,\hat{v}_{r_{0w}} = \rho\,c\,\hat{v}_{r_0}/\sqrt{1 + \left(\frac{1}{\beta r_0}\right)^2}$$

$$\hat{p}_{r_0} = \frac{\rho\, c}{\sqrt{1 + (\frac{1}{\beta r_0})^2}} \cdot \frac{\hat{q}\,\beta\,\sqrt{1+(\frac{1}{\beta r_0})^2}}{4\pi r_0} = \frac{\rho\,\hat{q}\,\omega}{4\pi r_0} \tag{1.18}$$

Durch Umformen erhält man

$$\rho\, c\, \hat{v}_{r_0}/\sqrt{1 + (\tfrac{1}{\beta r_0})^2} = \rho\, c\,\beta\, r_0\, \hat{v}_{r_0}/\sqrt{1 + (\beta r_0)^2} = \frac{\rho\,\omega\, r_0\, \hat{v}_{r_0}}{\sqrt{1 + (\beta r_0)^2}}$$

$$\hat{v}_{r_0} \cdot r_0 \cdot 4\pi r_0 = \hat{q}\,\sqrt{1 + (\beta r_0)^2} = \hat{q}_0 \tag{1.19}$$

den Geschwindigkeitshöchstwert der Volumänderung einer atmenden Kugel mit dem Radius r_0.

Allgemein gilt für den Amplitudenwert des Schalldruckes einer von einer atmenden Kugel erzeugten Welle im Aufpunkt r, wenn $r \gg \lambda$

$$\hat{p}_r = \frac{\rho\,\hat{q}\,\omega}{4\pi r}$$

Unter der Verwendung von (1.19) folgt

$$\hat{p}_r = \frac{\rho\,\hat{q}_0\,\omega}{4\pi r\,\sqrt{1 + (\beta r_0)^2}} \tag{1.20}$$

Der Geschwindigkeitshöchstwert der Volumänderung errechnet sich aus der zeitlichen Ableitung

$$\hat{q}_0 = \omega\left[d(\tfrac{4}{3}\pi r_0^3)\right] = \omega\,(4\pi r_0^2 \cdot dr_0) = \omega\, A\, \hat{x} \tag{1.21}$$

Dabei ist $4\pi r_0^2 = A$ die schwingende Kugeloberfläche, $dr_0 = \hat{x}$ die Schwingweite und $A\,\hat{x} = V_V$ das Verschiebungsvolumen. Durch Einsetzen von (1.21) in (1.20) erhält man

$$\hat{p}_r = \frac{\rho\,\hat{q}_0\,\omega}{4\pi r\,\sqrt{1+(\beta r_0)^2}} = \frac{\rho\, A\,\hat{x}\,\omega\cdot\omega}{4\pi r\,\sqrt{1+(\beta r_0)^2}} = \frac{\rho\, A\,\hat{x}\,\omega^2 \cdot 2\,c}{4\omega\lambda r\,\sqrt{1+(\beta r_0)^2}}$$

$$\hat{p}_r = \frac{\rho\, A\,\hat{x}\,\omega\, c}{2\lambda r\,\sqrt{1 + (\beta r_0)^2}}$$

Setzt man für $\dfrac{A}{2\lambda r} = \dfrac{4\pi r_0^2 \beta}{2\cdot 2\pi r} = \dfrac{\beta r_0^2}{r} = \dfrac{(\beta r_0)^2}{\beta r}$, so ergibt sich

$$\hat{p}_r = \frac{c\rho A \cdot \hat{x}\,\omega}{2\lambda r \sqrt{1+(\beta r_0)^2}} = \frac{c\rho\,\hat{x}\,\omega}{\sqrt{1+(\beta r_0)^2}} \cdot \frac{A}{2\lambda r} = \frac{c\rho\,\hat{x}\,\omega}{\sqrt{1+(\beta r_0)^2}} \cdot \frac{(\beta r_0)^2}{\beta r} \qquad (1.22)$$

Unter der Voraussetzung, daß $\beta r_0 \lll 1$ ist, wird

$$\hat{p}_r = \rho c \,\frac{A}{2\lambda}\,\frac{\hat{x}\,\omega}{r} \qquad (1.23)$$

Bei Verwendung des rechten Ausdruckes in (1.22) erhält man den nur durch die Membrangröße und den Aufpunktabstand bestimmten relativen Schalldruck

$$\frac{\hat{p}r}{c\rho\,\hat{x}\,\omega} = \frac{(\beta r_0)^2}{\beta r\,\sqrt{1+(\beta r_0)^2}} \qquad (1.24)$$

Der Druck nimmt mit der Entfernung vom Ursprung linear ab. Die Größe der Membran wirkt sich so aus, daß der Schalldruck bei niedrigen Frequenzen ($\beta r_0 \lll 1$) quadratisch mit r_0 wächst, während er bei hohen Frequenzen ($\beta r_0 \ggg 1$) linear mit r_0 zunimmt.

Führt man die komplexe Schreibweise ein, so ist

$$\underline{p}_r = \hat{p}_r \cdot e^{j(\omega t + \varphi)} \quad ; \quad \underline{v}_{r_0} = \hat{v}_{r_0} \cdot e^{j\omega t} = \hat{x}\,\omega\,e^{j\omega t} \qquad (1.25)$$

Durch Umrechnung ergibt sich mit $\tan\varphi = \dfrac{1}{\beta r}$ und

$$\cos\varphi = \frac{1}{\sqrt{1+(1/\beta r)^2}} = \frac{\beta r}{\sqrt{1+(\beta r)^2}}$$

$$\underline{p}_r = \hat{p}_r\,e^{j(\omega t + \varphi)} = \hat{p}_r\,e^{j\omega t}\,(\cos\varphi + j\,\sin\varphi)$$

$$\underline{p}_r = \hat{p}_r\,e^{j\omega t}\left(\frac{\beta r}{\sqrt{1+(\beta r)^2}} + j\,\sqrt{1-\frac{(\beta r)^2}{1+(\beta r)^2}}\right)$$

$$= \hat{p}_r\,e^{j\omega t}\left(\frac{\beta r}{\sqrt{1+(\beta r)^2}} + j\,\frac{1}{\sqrt{1+(\beta r)^2}}\right)$$

Nach (1.22) ist der Schalldruck im Abstand r vom Mittelpunkt der Kugel mit dem Radius r_0

$$\hat{p}_r = \frac{c\varrho\,\hat{x}\,\omega\,(\beta r_0)^2}{\sqrt{1+(\beta r_0)^2}\cdot\beta r} \quad .$$

Wird $r = r_0$, so gilt

$$\hat{p}_{r_0} = \frac{c\varrho\,\hat{x}\,\omega\,\beta\,r_0}{\sqrt{1+(\beta r_0)^2}}$$

Setzt man diesen Wert in die Gleichung für den komplexen Druck ein, so erhält man

$$\underline{p}_{r_0} = \frac{c\varrho\,\hat{x}\,\omega\,\beta\,r_0}{\sqrt{1+(\beta r_0)^2}}\cdot\frac{\beta r_0 + j\cdot 1}{\sqrt{1+(\beta r_0)^2}}\cdot e^{j\omega t}$$

$$= \left(\frac{c\varrho\,\hat{x}\,\omega\,(\beta r_0)^2}{1+(\beta r_0)^2} + j\,\frac{c\varrho\,\hat{x}\,\omega\,\beta\,r_0}{1+(\beta r_0)^2}\right)\,e^{j\omega t} \qquad (1.26)$$

Durch Division durch die Schallschnelle ergibt sich

$$\frac{\underline{p}_{r_0}}{\underline{v}_{r_0}} = \frac{c\varrho\,(\beta r_0)^2}{1+(\beta r_0)^2} + j\,\frac{c\varrho\,\beta\,r_0}{1+(\beta r_0)^2} = Z_{01} + jZ_{02} \qquad (1.27)$$

Z_0 mit dem Wirkanteil Z_{01} und dem Blindanteil Z_{02} wird "spezifischer Strahlungswiderstand" der Membran genannt. p_{r_0} ist der Druck der angrenzenden Mediumteilchen auf die Einheit der Kugeloberfläche $A = 4\pi r_0^2$, wenn diese sich mit der Geschwindigkeit v_{r_0} bewegt. Da die Membran als verlust- und trägheitslos angenommen wurde, kann durch den gesamten Strahlungswiderstand

$$\underline{Z}_k = Z_{k1} + j\,Z_{k2} = A\,\underline{p}_{r_0}/\underline{v}_{r_0}$$

und die Amplitude $\hat{v}_{r_0}$ der Membrangeschwindigkeit die an das Medium abgegebene Schalleistung ausgedrückt werden

$$\underline{P} = \underline{Z}_k\,\hat{v}_{r_0}^2/2 = (Z_{k1} + jZ_{k2})\,\hat{v}_{r_0}^2/2 \qquad (1.28)$$

Davon ist der reelle Anteil die in der fortschreitenden Welle sich ausbreitende Wirkleistung, der imaginäre die durch die mitschwingende Mediummasse bestimmte Blindleistung.

Der Druck der mitschwingenden Mediummasse m_M auf der Membranfläche A, der sich als Trägheit auswirkt, ist

$$A\, p_{ro2} = m_M\, d\, \underline{v_{ro}}/dt = j\, m_M\, \underline{v_{ro}}\, \omega = j\, m_M\, \underline{v_{ro}}\, c\beta \qquad (1.29)$$

Setzt man hier den Wert für den Imaginärteil ein, so ergibt sich die mitschwingende Mediummasse an der Kugeloberfläche

$$m_M = \mathrm{Im}\left(\frac{A\, p_{ro}}{\underline{v_{ro}}\, c\beta}\right) = 4\pi\, r_o^3\, \frac{\rho}{1 + (\beta r_o)^2} \qquad (1.30)$$

<u>Beispiel 1:</u>

Ein mit der Frequenz $f = 1000$ Hz schwingender Kugelstrahler mit der Oberfläche $A_1 = 10$ cm^2 erzeugt in einer Entfernung $r_1 = 6$ m eine Schalldruckamplitude $\hat{p}_r = 1$ g cm s^{-2}.
Wie groß sind a) die Geschwindigkeitsamplitude $\hat{v}$,

b) die für $r_2 = 10$ m erforderliche Fläche A_2, wenn bei gleicher Membrangeschwindigkeit der Schalldruck erhalten bleiben soll,

c) die Verschiebungsvolumina ΔV_1 und ΔV_2 ?

Lösung:
$c = 331$ m/s, $\rho = 1{,}293 \cdot 10^{-3}$ g/cm^3, $\lambda = c/f = 33{,}1$ cm, daher ist $\beta r \ll 1$.

a) $\hat{v} = \omega\hat{x} = \dfrac{2\lambda r_1 \hat{p}_r}{c\rho A_1} = \dfrac{1\ \text{g cm/s} \cdot 66{,}2\ \text{cm} \cdot 600\ \text{cm}}{33100\ \text{cm/s} \cdot 1{,}293 \cdot 10^{-3}\ \text{g/cm}^3 \cdot 10\ \text{cm}^2}$

$\qquad = 92{,}8$ cm/s .

b) $A_2 = \dfrac{2\lambda r_2 \hat{p}_r}{c\rho\, \hat{v}} = \dfrac{1\ \text{g cm/s} \cdot 66{,}2\ \text{cm} \cdot 1000\ \text{cm}}{33100\ \text{cm/s} \cdot 1{,}293 \cdot 10^{-3}\ \text{g/cm}^3 \cdot 92{,}8\ \text{cm/s}}$

$\qquad = 16{,}7$ cm

c) $\Delta V_1 = A_1\, \hat{x} = 10$ cm $\cdot\ 0{,}0148$ cm $= 0{,}148$ cm^3

$\qquad \Delta V_2 = A_2\, \hat{x} = 16{,}7$ cm $\cdot\ 0{,}0148$ cm $= 0{,}246$ cm^3

1.4 Schallwellenwiderstand, akustischer und mechanischer Scheinwiderstand

Unter Schallwellenwiderstand oder Schall-Kennimpedanz versteht man das Verhältnis von Schalldruck und Schallschnelle. Bei einer ebenen Welle ist der Schallwellenwiderstand nach (1.4) und (1.14)

$$Z_o = p/v = \rho\, c \quad \text{gemessen in g cm}^{-2}\text{ s}^{-1} = \text{akust. Ohm} \tag{1.31a}$$

auch gleich dem Produkt aus mittlerer Luftdichte ρ und Schallgeschwindigkeit c. Bei einer Kugelwelle ist der Phasenwinkel φ zwischen Druck und Schnelle zu berücksichtigen

$$Z_o = p/v = \rho\, c \cos\varphi \tag{1.31b}$$

Bereits im Abstand $r = \lambda$ von einer punktförmigen Schallquelle ist aber $\tan\varphi = \lambda/2\pi r$ so klein, daß $\cos\varphi \approx 1$ gesetzt werden kann.

Bei der Untersuchung der bei Schallsendern und -empfängern vorliegenden Verhältnisse muß der Membranquerschnitt A berücksichtigt werden. Dabei erhält man den Schallfluß als das Produkt aus Schallschnelle und Strömungsquerschnitt (hier Membranoberfläche). Andererseits ist das Produkt aus Schalldruck und Membranfläche gleich der antreibenden Kraft.

Das Verhältnis des Schalldruckes zum Schallfluß wird nun akustischer, das der antreibenden Kraft zur Schnelle wird mechanischer Scheinwiderstand genannt

$$Z_{ak} = p / (v\, A) \quad ; \quad Z_{mech} = (p\, A) / v. \tag{1.32}$$

1.5   Schalleistung und Schallstärke

Die Schalleistung errechnet sich als Produkt aus der die
schwingenden Mediumteilchen aus der Ruhelage treibenden
Kraft (p A) und der durch diese hervorgerufenen Teilchengeschwindigkeit oder Schnelle v

$$P = A \frac{\hat{p}\,\hat{v}}{2} \cos \varphi = A\; p\; v \cos \varphi \;, \tag{1.33}$$

gemessen in $g\; cm^2\; s^{-3} = 10^{-7}$ W.
Analog zur Elektrotechnik kann man nach Anwendung des "ohmschen Gesetzes" für die Schalleistung auch schreiben

$$P = A \frac{p^2}{Z_0} \cos^2 \varphi = A \frac{p^2}{\varrho c} \cos \varphi$$

oder $\quad P = A\; Z_0\; v^2 = A\; \varrho\; c\; v^2 \cos \varphi.$

Sie ist die in der Zeiteinheit durch eine Hüllfläche strö-
mende Schallenergie.

Die Schallstärke (Intensität) J ist gleich der Schalleistung
je Flächeneinheit

$$J = \frac{\hat{p}\,\hat{v}}{2} \cos \varphi = p\; v \cos \varphi \;, \tag{1.34}$$

gemessen in $g\; s^{-3} = 10^{-7}\; W\; cm^{-2}$.
Auch hier gilt analog zur Elektrotechnik

$$J = \frac{p^2}{Z_0} \cos^2 \varphi = \frac{p^2}{\varrho c} \cos \varphi$$

oder $\quad J = Z_0\; v^2 = \varrho\; c\; v^2 \cos \varphi.$

Nach (1.23) und (1.31) ist die Schallintensität im Abstand r

$$J_r = \frac{\hat{p}_r^2}{2Z_0} = \frac{1}{2}\, \varrho\; c\; \frac{A^2}{4}\, \frac{\omega^2}{\lambda^2}\, \frac{\hat{x}^2}{r^2} \tag{1.35}$$

Multipliziert man die Intensität mit der Kugeloberfläche
oder Hüllfläche, so ergibt sich die von der Kugel abgestrahlte Schalleistung

$$P = \frac{1}{2}\,\varrho\,c\,\frac{A^2}{4}\frac{(\omega\,\hat{x})^2}{\lambda^2\,r^2}\cdot 4\,\pi\,r^2 = \frac{1}{2}\,\varrho\,c\,\pi\,\frac{A^2(\omega\,\hat{x})^2}{\lambda^2} \qquad (1.36)$$

<u>Beispiel 2:</u>

Wie groß sind für einen Aufpunkt r = 10 m bei Strahlung in
Luft a) die Schalldruckamplitude $\hat{p}_r$

      b) die Schallstärke J_r

      c) die Schalleistung P,

wenn die mit der Frequenz f = 1000 Hz und der Schwingweite
$\hat{x}$ = 0,02 cm pulsierende Kugel die Oberfläche A = $100\,\pi\,cm^2$
hat ?

Lösung:

c = 33100 cm/s, ϱ = $1,293\cdot 10^{-3}$ g/cm^3, λ = 33,1 cm und
Z_0 = 42,8 g s^{-1} cm^{-2}.

a) $\hat{p}_r = \dfrac{c\,\varrho\,A\,(\omega\,\hat{x})}{2\,\lambda\,r\,\sqrt{1 + (\beta\,r_0)^2}}$

$= \dfrac{33100\ cm/s.1,293\cdot 10^{-3}\ g/cm^3.314\ cm^2\cdot 125,7\ cm/s}{2\cdot 33,1\ cm\quad 1000\ cm\qquad \sqrt{1 + (0,19\cdot 5)^2}}$

$= 18,5\ g\ cm^{-1}\ s^{-2}$

b) $J_r = \dfrac{1}{2}\dfrac{\hat{p}_r^2}{Z_0} = \dfrac{(18,5\ g/(cm\ s^2))^2}{2\cdot 42,8\ g/(s\cdot cm^2)} = 4\ g\ s^{-3} = 0,4\ \mu W\ cm^{-2}$

c) P = J_r A = 0,4 $\mu W/cm^2$.314 cm^2 = 125,6 μW = 0,1256 mW

1.6 Schallabsorption

Die bisherigen Betrachtungen galten nur bei Annahme einer
verlustfreien Schallausbreitung. Normalerweise entstehen
aber nicht vernachlässigbare Energieverluste, z. B. durch
Umwandlung in Wärme. Die Schallamplitude nimmt daher von

Schwingung zu Schwingung jeweils um den gleichen Prozentsatz
ab. Mathematisch wird dieser Vorgang durch eine e-Funktion
beschrieben.

Ist α der für die Längeneinheit in Ausbreitungsrichtung x
bzw. r geltende Dämpfungskoeffizient, dann ist das Geschwindigkeitspotential einer sich in einem Rohr ausbreitenden
(ebenen) Welle

$$\phi = \phi_0 \, e^{-\alpha x} \cdot \sin \omega (t - \tfrac{x}{c}). \qquad (1.37)$$

Für die Kugelwelle gilt unter Berücksichtigung von (1.9)

$$\phi = \phi_0 \, \tfrac{1}{r} \, e^{-\alpha r} \cdot \sin \omega (t - \tfrac{r}{c}). \qquad (1.38)$$

Für Luft und Wasser haben die Dämpfungskoeffizienten die
Werte $\alpha_L = 1,16 \cdot 10^{-4} \, \lambda^{-2}$ bzw. $\alpha_W = 2,63 \cdot 10^{-6} \, \lambda^{-2}$.
Aus diesen Angaben geht hervor, daß α quadratisch mit klei-
ner werdender Wellenlänge, also wachsender Frequenz zunimmt,
und daß ferner die Schalldämpfung in Luft größer ist als in
Wasser. Luft ist also das akustisch dichtere Medium.

Setzt man der Luft Verunreinigungen zu, so vergrößert sich
die Dämpfung mit wachsender Konzentration. Dies ist besonders bei Anwesenheit von Wasserdampf zu beobachten. Die
Schallabsorptionsfähigkeit der Luft hängt also in sehr hohem
Maße von ihrem Feuchtigkeitsgehalt ab.

Zur Kennzeichnung der Stärke der Schallabsorption durch ein
zu untersuchendes Medium benutzt man die Schalldämmzahl D,
die das logarithmische Verhältnis von auftreffender zu hin-
durchtretender Leistung darstellt.

$$D = 10 \, \lg \frac{P_1}{P_2} \quad dB \qquad (1.39)$$

Die Dämmwirkung ist im allgemeinen frequenzabhängig wegen
der im Dämm-Material auftretenden Resonanzerscheinungen.

2 Schallverzerrungen

Bei der Aufnahme, Verstärkung, Weiterleitung und Wiedergabe
des Schalles setzt ein Schallempfänger (Mikrofon) die Schallwellen in elektrische Schwingungen um,und ein Schallsender
(Lautsprecher) wandelt sie wieder in Schallschwingungen zurück. Zur Erzielung einer naturgetreuen Wiedergabe sind dabei folgende Bedingungen zu erfüllen:

Beide Wandler müssen alle Hörfrequenzen verarbeiten können,
    also einen ausreichenden Frequenzumfang haben.
Die Hörfrequenzen müssen amplitudengetreu übertragen werden,
    es dürfen also keine linearen Verzerrungen auftreten.
Im ursprünglichen Klangbild nicht vorhandene Frequenzen dür-
    fen nicht zusätzlich erzeugt werden, d.h. es dürfen kei-
    no nicht-linearen Verzerrungen auftreten.
Die Dynamik (Schallstärkeumfang) der Schallereigniswiederga-
    be muß ebenso groß sein wie bei der Aufnahme.

2.1 Amplitudenverzerrungen

Wie weit ein elektroakustischer Wandler den Forderungen 1
und 2 genügt, gibt
seine Frequenzkurve
zu erkennen. Diese
zeigt den Verlauf des
Verhältnisses des vom
Sender erzeugten
Schalldruckes zur
elektrischen Wech-
selspannung in Ab-
hängigkeit von der
Frequenz an. Beim
Empfänger stellt sie
das umgekehrte Ver-
hältnis dar. Die Maß-

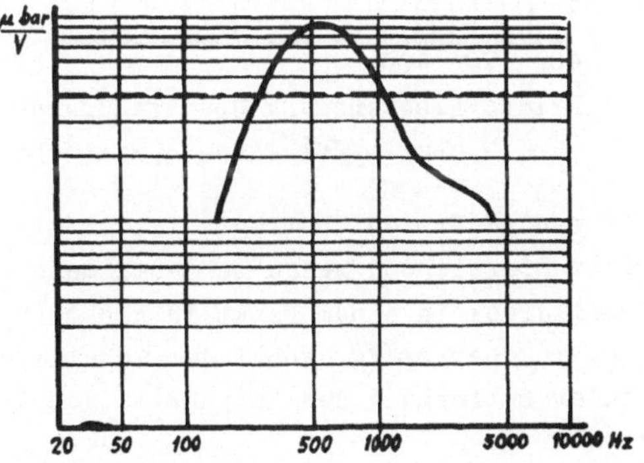

Bild 3 Frequenzkurve eines elektromag-
       netischen Trichterlautsprechers

einheiten der Ordinate sind µbar/V bzw. V/µbar, die Abszisse
ist nach Hz unterteilt. Die ideale, praktisch nicht erreich-
bare Frequenzkurve ist die Parallele zur Abszisse.

Will man den Frequenzverlauf ohne Berücksichtigung des absoluten Betrages darstellen, so benutzt man den Dezibel-Maß-
stab; so soll die Frequenzkurve eines hochwertigen Mikrofo-
nes in den Bereichen 30 - 50 Hz und 5 - 10 kHz nicht mehr
als ± 5 db, im Bereich zwischen 50 und 5000 Hz nur ± 3 db
vom Nullpegel (dieser kann willkürlich gewählt werden, liegt
aber meist bei 1000 Hz) abweichen.

Bei Untersuchungen von Lautsprechern benutzt man auch das
Übertragungsgütemaß (ÜGM) zur Kennzeichnung des von der Frequenz abhängigen Wirkungsgrades. Da dieser im allgemeinen

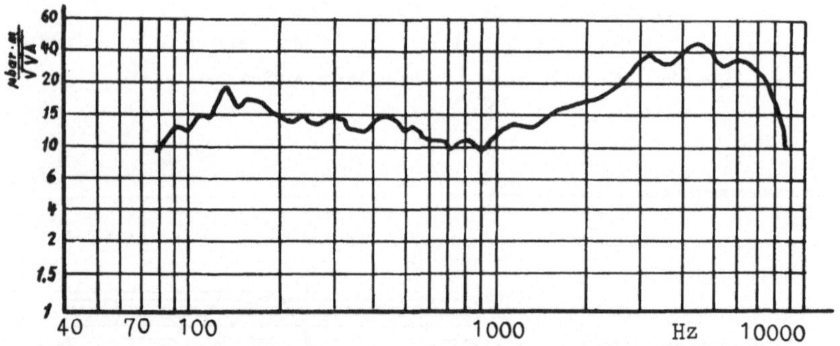

Bild 4 Frequenzgang Übertragungsgütemaß (ÜGM) in
μbar·m/$\sqrt{VA}$ eines dynamischen Lautsprechers

nur wenige Prozent beträgt, ist er mit einfachen Mitteln
nicht hinreichend genau zu bestimmen. Man mißt daher den
Schalldruck in einem Punkt in Achsrichtung vor dem Lautsprecher in μbar·m/$\sqrt{VA}$, wobei der Schalldruck linear mit wachsender Entfernung des Aufpunktes von der Schallquelle abnimmt.

Das Übertragungsgütemaß für einen handelsüblichen Lautsprecher liegt im allgemeinen zwischen 6 und 25.

2.2 Klirrfaktor

Die nicht-linearen Verzerrungen erscheinen i.a. als Harmonische der steuernden Grundschwingung. Sie entstehen durch nicht-lineare Übertragungskennlinien des Übertragungsweges. Das Maß für nicht-lineare Verzerrungen ist der Klirrfaktor

$$k = \frac{\sqrt{a_2^2 + a_3^2 + \ldots + a_n^2}}{a_1} \tag{2.1}$$

Er gibt das Verhältnis der geometrischen Summe der Spannungen aller Oberschwingungen zur Spannung der Grundschwingung an. Bei hochwertigen Übertragungen darf der Klirrfaktor 2 % nicht übersteigen, denn dieser Wert kann eben noch nicht wahrgenommen werden.

Eine andere Definition des Klirrfaktors lautet

$$k' = \sqrt{\frac{a_2^2 + a_3^2 + \ldots + a_n^2}{a_1^2 + a_2^2 + \ldots + a_n^2}} \tag{2.2}$$

mit $k' = k/\sqrt{1 + k^2}$. k' liefert nämlich auch dann noch einen brauchbaren Wert, wenn die Grundschwingung aus irgendeinem Grunde unterdrückt wurde: In diesem Falle ist $k = \infty$ und $k' = 1$.

Beispiel 3:

Wie groß ist der Klirrfaktor einer Rechteckschwingung mit dem Tastverhältnis 1 : 1 ? Die Gleichung der Rechteckschwingung lautet

$$a(t) = \frac{4a}{\pi} \left(\sin \omega t + \frac{1}{3} \sin 3\omega t + \frac{1}{5} \sin 5\omega t + \ldots\right)$$

Lösung:

$$k = \frac{\sqrt{a_2^2 + a_3^2 + a_4^2 + \ldots}}{a_1} = \frac{\sqrt{0,11 + 0,04 + 0,02 + \ldots}}{1} = 0,4142$$

$$k' = k/\sqrt{1 + k^2} = \frac{0,4142}{\sqrt{1 + 0,1715}} = 0,3827$$

2.3 Differenztonfaktor

Wird mehr als eine Frequenz gleichzeitig übertragen oder
werden (besonders bei hohen Frequenzen) die harmonischen
Obertöne unterdrückt, dann versagt die Bestimmung des Klirrfaktors. In diesem Falle können Verzerrungen hervorgerufen
werden durch Kombinationstöne, von denen die Differenztöne
in den Übertragungsbereich fallen. Sie werden durch den
Differenztonfaktor erfaßt. Wir unterscheiden dabei den Differenztonfaktor 1. Ordnung

$$d_1 = \sqrt{\frac{a^2_{\omega_1 - \omega_2}}{a^2_{\omega_1} + a^2_{\omega_2}}} = \frac{a_{\omega_1 - \omega_2}}{a_{\omega_1}\sqrt{2}} \,, \tag{2.3}$$

der nur die Signalfrequenzen und deren Differenzfrequenz
($\omega_1 - \omega_2$) erfaßt, vom Differenztonfaktor 2. bis n. Ordnung,
bei dem auch Differenzfrequenzen von und mit Harmonischen
berücksichtigt werden.

$$d_2 = \sqrt{\frac{a^2_{\omega_1 - 2\omega_2} + a^2_{\omega_2 - 2\omega_1}}{a^2_{\omega_1} + a^2_{\omega_2}}} = \frac{\sqrt{a^2_{\omega_1 - 2\omega_2} + a^2_{\omega_2 - 2\omega_1}}}{a_{\omega_1}\sqrt{2}} \tag{2.4}$$

Dabei sind $a_{\omega_1 - \omega_2}$ und $a_{\omega_1 - 2\omega_2}$ die Effektivwerte der Differenztöne 1. bzw. 2. Ordnung. Der jeweils 2. Ausdruck gibt
den Faktor an, wenn die Effektivwerte der beiden Signalfrequenzen (Primärtöne) gleich groß gewählt werden.

Kombinationstöne treten besonders bei der Übertragung von
Klängen (Frequenzgemischen) durch Mischvorgänge an nichtli-
nearen Übertragungskennlinien auf. Sie wirken in der Nähe
der Grundschwingung besonders unangenehm durch die dann auftretende Rauhigkeit des Tones. Daher können solche Verzerrungen auch schon bei sehr kleinen Differenztonfaktoren
(z. B. unter einem Prozent!) wahrgenommen werden.

Noch schwieriger und daher nicht mehr eindeutig zuzuordnen
werden die Verzerrungen durch Differenztonbildung, wenn
nicht nur zwei Signaltöne, sondern deren mehrere gleichzeitig gesendet werden.

2.4 Frequenzbandbreite

Bei geringen Anforderungen an die Wiedergabequalität genügt
ein verhältnismäßig schmales Frequenzband zur Übertragung
eines Signales. Im Fernsprechbetrieb z.B., bei dem es nur
auf ausreichende Verständlichkeit und nicht auf die Klangfarbe ankommt, reicht ein Frequenzband von 300 bis 3000 Hz
aus; meist werden jedoch bis 3600 Hz übertragen. Der Kanal-
abstand zwischen zwei TF-Kanälen beträgt 4 kHz. In die Fre-
quenzlücke von 400 Hz bis zum nächsten Kanal kann noch ein
Signal zur Steuerung von Schaltaufgaben gelegt werden.

Ein Maß für die Beurteilung eines Übertragungsweges ist die
Silbenverständlichkeit V_s, d.h. der Prozentsatz verstandener
ohne vernünftigen Zusammenhang ausgesprochener Silben.

Einer Silben-
verständlich-
keit von 70 %
entspricht bei
Anwendung des
auf Überlegung
beruhenden Kom-
binationsvermö-
gens des Zuhö-
rers eine Satz-
verständlichkeit
von fast 100 %.

Bei Untersuchun-
gen über die Ab-
hängigkeit der
Verständlichkeit
vom übertragenen

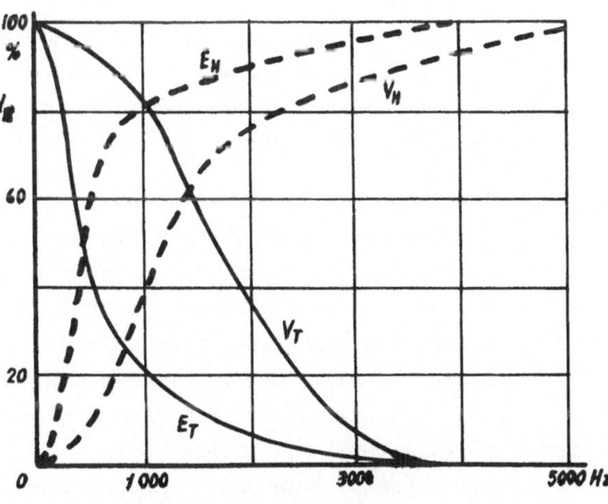

Bild 5 Silbenverständlichkeit in Abhängigkeit von den Grenzen des
Frequenzbandes

Frequenzband stellte sich heraus, daß die höheren Frequenzen
fast keinen Beitrag zur Verbesserung leisten. Die Kurven V_H
und V_T kennzeichnen den Einfluß der Frequenzbeschneidung an
der oberen bzw. unteren Bandgrenze in Bezug auf die Silben-

verständlichkeit. Die Linien E_H und E_T zeigen, welche Energie unter den jeweiligen Verhältnissen noch im Spektrum der Sprache vorhanden ist. So wird z. B. bei Unterdrückung aller Frequenzen unter 500 Hz die Energie um ca. 50 %, die Verständlichkeit jedoch nur um ca. 2 % herabgesetzt. Diese Tatsache ist aus Gründen der Wirtschaftlichkeit und der Störsicherheit (Übersprechen) von großer Bedeutung.

Für eine gute Musikübertragung ist ein Frequenzband von 30 Hz bis 15 kHz erwünscht. Höhere Frequenzen bringen keine wesentliche Verbesserung mehr, zumal sie von den meisten Menschen nicht mehr wahrgenommen werden.

2.5 Dynamikbegrenzung

Der Eindruck einer Musikdarbietung hängt nicht nur vom Tonumfang und von der Klangfarbe (Gehalt von Ober- und Mischtönen) ab, sondern auch von der Dynamik, mit der die Klangbilder vorgetragen werden.

Das menschliche Ohr empfindet eine Dynamik bis etwa 120 phon, die einem Schalldruckverhältnis von $1 : 10^6$ und einem Schallstärkenverhältnis von $1 : 10^{12}$ entspricht. Die elektroakustische Übertragung eines solchen Dynamikumfanges ist aber aus verschiedenen Gründen nicht möglich. Einmal verhindert der immer vorhandene Störpegel, der aus dem Rauschen der Verstärker und Steuereinrichtungen hervorgeht, die Senkung der Mindestlautstärke auf den vom Ohr vorgegebenen Schwellwert; andererseits kann aus wirtschaftlichen Erwägungen heraus die Verstärkerleistung nicht so hoch getrieben werden, daß auch die größtmöglichen Dynamikunterschiede ohne Übersteuerung wiedergegeben werden können.

Man ist daher gezwungen, die Dynamik entsprechend zu begrenzen. Diese Aufgabe fällt bei der Rundfunkübertragung bzw. der Aufnahme der Originaldarbietung eines Orchesters dem

Toningenieur zu. Bei Schallplatten und Tonfilmen mit Amplitudenschrift ist die Dynamikbegrenzung zugleich durch die höchstzulässige Tonspurbreite gegeben, während andererseits die Größe des Rauschpegels von der Beschaffenheit des Kornes der Schriftträgerschicht abhängt. Bei Tonfilmen kann die Dynamik bis auf 40 - 60 db gesteigert werden, bei Schallplatten ist sie - je nach dem Aufnahmeverfahren - bedeutend geringer.

Bei Stereo- oder Mehrfachübertragungen ist (neben der Frequenzbandbreite) die Dynamik maßgebend beteiligt an der Größe des Übersprechens, d.h., an dem Anteil des Signales, der durch Nichtlinearitäten oder mangelnde Kopplungsdämpfung von einem Kanal auf den anderen übertragen wird. Hier sollte laut DIN 45500 Bl. 6 die Kopplungsdämpfung bei 1 kHz > 40 db und im Frequenzbereich 250 Hz bis 10 kHz > 30 db sein.

3 Schallstrahlung und Schallausbreitung

3.1 Reflexion

Trifft eine Schallwelle auf eine Grenzschicht zwischen zwei Stoffen verschiedenen Schallwiderstandes, so wird ein mehr oder weniger großer Teil der Wellenenergie reflektiert. Bei großer Verschiedenheit der Kennimpedanzen ist die Reflexion mehr oder weniger total, bei geringer nur teilweise. Der nicht reflektierte Teil der Energie tritt unter Brechung in das andere Medium ein.

Bei der Reflexion ist der Einfallswinkel (zum Einfallslot hin gemessen) gleich dem Ausfallswinkel ($\alpha = \beta$), falls die Unebenheiten der reflektierenden Fläche klein gegenüber der Wellenlänge des Schalles sind. Ist dieses nicht der Fall, so kann jedes Flächenelement für sich als eben aufgefaßt werden, das den Schall nach dem Reflexionsgesetz zurückwirft.

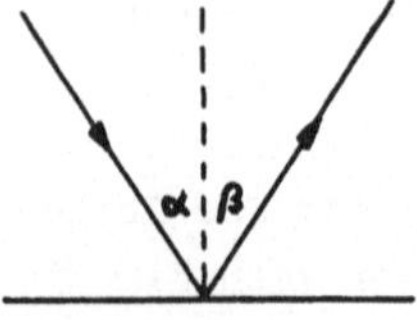

Bild 6: Zum
Reflexionsgesetz

Die Reflexionsebenen liegen aber nun
nicht mehr parallel, und so wird der
Schall diffus reflektiert.

Steht eine Schallquelle beispielsweise
in einem allseits geschlossenen Raum,
dann wird das Ohr eines ebenfalls in diesem Raum befindlichen Zuhörers einmal
von der direkten Schallwelle getroffen und zum anderen von
Wellen, die von den Wänden reflektiert worden sind. In großen Räumen kann infolge unterschiedlicher Laufstrecken zwischen direktem und reflektiertem Schall ein merklicher Zeit-
unterschied auftreten (Nachhall). Beträgt diese Zeitdiffe-
renz mehr als 50 ms, was etwa einer Strecke von 2 x 33 m
entspricht, so nimmt man die reflektierte Welle als Echo
wahr. Bei Mehrfachreflexionen kann durch Zusammentreffen
von Wellenzügen mit unterschiedlicher Phasenlage auch eine
frequenzabhängige Auslöschung (Schwund) der Wellenenergie
auftreten.

Die Reflexion von Schallwellen wird technisch genutzt z.B.
beim Bau von Hör- und Sprachrohren sowie bei der Ohrmuschel,
in denen der Schall gesammelt und weitergeleitet wird. Weitere Anwendungen finden wir in der Unterwassertechnik bei
der Echolotung sowie in der Medizin.

3.2 Beugung

Trifft eine Schallwelle auf ein relativ großes Hindernis, so
kann man eine Schattenwirkung beobachten. Das gleiche gilt
für eine Wand, die eine Öffnung (Blende) besitzt, durch die
der Schall hindurchtreten kann. Aus der Optik ist bekannt,
daß jeder lichtundurchlässige Gegenstand, der im Strahlengang des Lichtes steht, einen seinen Umrissen entsprechenden
Schatten wirft, bzw. daß jede Blende in einer lichtundurch-
lässigen Wand nur einen solchen Lichtstrahl hindurchläßt,

der genau der Form der Blendenöffnung entspricht. Diese Art
der Schattenwirkung trifft bei Schallwellen nicht immer zu.

Hindernisse oder Blenden, die man dem Licht entgegenstellt,
sind i. a. sehr viel größer als die Lichtwellenlängen. In
der Akustik ist das anders. Betrachtet man den Frequenzbereich von 100 Hz bis 10 kHz, so entspricht ihm ein Wellen-
längenbereich von 3m bis 3 cm. Das ist aber genau der Größen-
ordnungsbereich, in dem die Abmessungen der meisten Gegen-
stände unserer Umgebung liegen. Infolgedessen wird beim
Schall die Strahlung durch die Gesetze der Beugung bestimmt.

Ist z.B. die Blendenöffnung in einer Wand sehr viel größer
als die Wellenlänge des Schalles, so ist das hindurchtretende Schallwellenbündel ein Abbild der Geometrie der Blendenöffnung: Durch die Blende tritt ein genau umrissener "Schall-
strahl" hindurch.

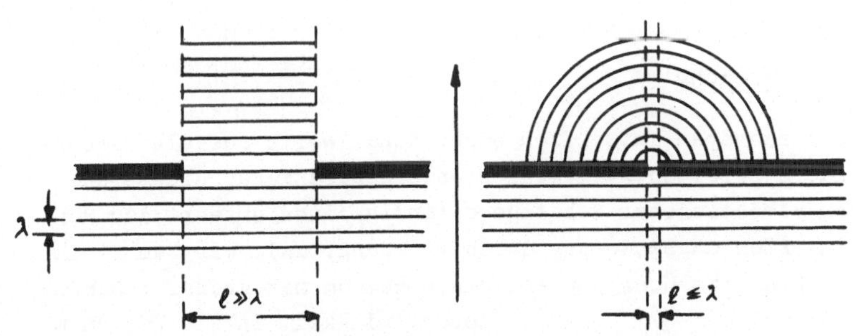

Bild 7: Beugung von ebenen Schallwellen, die durch
eine Blende hindurchtreten. (gestrichelt:
die geometrischen Strahlengrenzen)

Sind dagegen die Abmessungen der Öffnung gleich oder kleiner
als die Wellenlänge, so wird die hindurchtretende Schallwelle nach allen Seiten gebeugt: Es entstehen wieder Kugelwel-
len, die sich nach allen Seiten des Halbraumes gleichmäßig
ausbreiten.

Man erklärt diese Tatsache dadurch, daß grundsätzlich jedes
Flächenelement der durch die Blendenöffnung hindurchtreten-

den Wellenfront als Ausgangspunkt einer Halbkugelwelle ange-
sehen werden kann. Durch Interferenz der einzelnen Wellenzü-
ge mit unterschiedlicher Phasenlage wird die Wellenenergie
in bestimmten Richtungen verstärkt, während sie in anderen
Richtungen ausgelöscht bzw. geschwächt wird. Dieser Vorgang
bewirkt eine Bündelung des Schalles, die umso stärker wirkt,
je größer der Durchmesser der Blende in bezug auf die Wellenlänge ist, d.h. je höher die Frequenz ist.

Diese Tatsache hat zur Folge, daß bei Abstrahlung eines Fre-
quenzgemisches von einem Strahler mit konstanter Oberfläche
eine Verzerrung des Klangbildes durch frequenzabhängige Beugung bzw. Bündelung hervorgerufen wird. Abhilfe kann durch
Abstrahlung der höheren Frequenzen mit mehreren Strahlern
und kleineren Membranflächen in verschiedenen Richtungen, um
die Bündelung zu kompensieren, erzielt werden.

3.3 Brechung

Beim schrägen Auftreffen einer Schallwelle auf eine Grenzfläche zwischen zwei Medien unterschiedlicher Dichte und daher verschiedener Schallgeschwindigkeiten erfährt der Schall
eine Richtungsänderung durch Brechung, und zwar zum Einfallslot hin beim Übergang aus einem Medium mit größerer Schallgeschwindigkeit in ein Medium mit
kleinerer Schallgeschwindigkeit,
und umgekehrt. Dabei gilt die Beziehung, die als Brechungsgesetz
bezeichnet wird,

$$\frac{\sin \alpha}{\sin \beta} = \frac{c_1}{c_2} = \frac{\rho_2}{\rho_1} = n, \qquad (3.1)$$

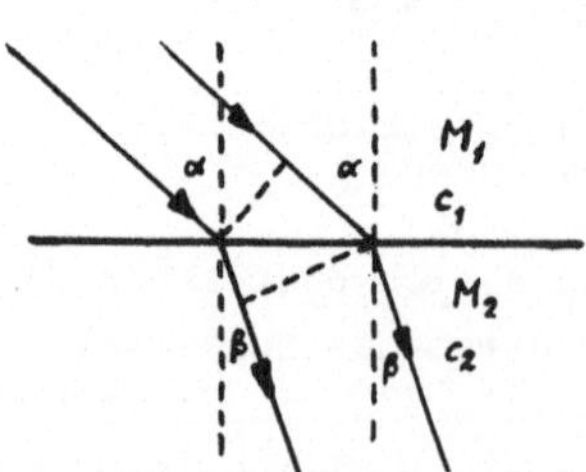

Bild 8: Zum
Brechungsgesetz

wenn n die Brechungszahl, α und β
die Winkel zwischen der Ausbrei-
tungsrichtung des Schalles und dem Einfalls- bzw. Ausfalls-
lot, c_1 und c_2 die Schallgeschwindigkeiten und ρ_1 und ρ_2 die

Dichten in den Medien M_1 und M_2 sind. Die Brechungszahl n
läßt sich dabei am einfachsten aus dem Verhältnis der Schallgeschwindigkeiten bestimmen.

Solche Brechungserscheinungen haben u.a. Bedeutung für die
Schallausbreitung im Freien über größere Entfernungen, z.B.
bei Kundgebungen. Sie entstehen bei Temperaturunterschieden
zwischen übereinander liegenden Luftschichten in der Atmo-
sphäre oder infolge unterschiedlicher Windgeschwindigkeiten
in verschiedenen Höhen. Bei Temperaturinversion z. B. erhält
man eine große Reichweite, weil der nach oben abgestrahlte
Schall durch Brechung an der Grenze zu wärmeren und damit
dünneren Luftschichten wieder zur Erde zurückkehrt.

Auf einer ähnlichen
Erscheinung beruht
auch die "Zone des
Schweigens" bei ei-
nem Explosionsknall:
Der am Erdboden sich
fortpflanzende Schall
(Bodenwelle) wird
bald absorbiert, da-
gegen gelangt der in Richtung höherer Luftschichten abgestrahlte Schall jenseits der Schweigezone durch Brechung
wieder zur Erde zurück.

Bild 9: Entstehung der "Zone des Schweigens" bei Temperaturinversion

3.4 Stehende Wellen

Wird ein Raum von zwei sich gegenläufig ausbreitenden Wellenzügen gleicher Wellenlänge und annähernd gleicher Amplitude
durchquert, so kommt es zur Ausbildung von stehenden Wellen.
Diese treten hauptsächlich dort auf, wo Schall reflektiert
wird. Erfolgt eine Reflexion an einer harten Wand, so ist
an der Grenzfläche v = 0, während der Schalldruck p zurück-
läuft und sich zum Druck der hinlaufenden Welle hinzuaddiert:

Er wächst auf das Doppelte seines Wertes in der fortschreitenden Welle an. Nach der Reflexion läuft die Welle in das Übertragungsmedium zurück. Aus hin- und rücklaufender Welle entsteht eine Schwingung, bei der Druck- und Schnelleknoten um 90° gegeneinander phasenverschoben sind.

Ist die reflektierende Fläche gegenüber Druckschwankungen im durchlaufenen Medium völlig nachgiebig, wie z. B. an der Grenzschicht zu Luft, so ist der Schalldruck an dieser Stelle gleich 0, und die Schnelle addiert sich auf zum doppelten Wert der herlaufenden Welle. Auch diese Welle läuft ins erste Medium zurück; es bildet sich ebenfalls eine stehende Welle. Zwischen Schalldruck und Schallschnelle herrscht wieder eine Phasenverschiebung von 90°.

Bei einer Grenzschicht, die weder völlig hart noch völlig weich ist, wird die ankommende Welle nicht mehr unmittelbar an der Grenzfläche reflektiert, sie dringt vielmehr zu einem gewissen Teil in das zweite Medium ein. Der nun noch reflektierte Teil der Welle ist daher nicht mehr amplitudengleich mit der ankommenden Welle. Die Überlagerung der hin- und rücklaufenden Welle ergibt eine resultierende stehende Schwingung, deren Druck- und Schnelleknoten nicht mehr in einer Entfernung von genau $\lambda/4$ bzw. 0 vor der Grenzfläche liegen, und deren Amplituden im Knoten nicht mehr gleich 0 sind. Mißt man die Wellenform im Raum vor der reflektierenden Fläche aus, so kann aus dem Meßergebnis auf die akustischen Eigenschaften des reflektierenden Materials geschlossen werden.

Eine Meßanordnung, bei der diese Erkenntnisse verwendet werden, ist das Kundt'sche Rohr. Die von einem Lautsprecher an einem Rohrende erzeugten Wellen werden von einer Stoffprobe am anderen Ende teilweise geschluckt. Der Rest der Wellenenergie wird reflektiert und bildet daher stehende Wellen im Rohr. Deren Schalldruckverhältnis zwischen Maximum und Minimum ist ein Maß für den Schluckgrad. Die Messung erfolgt mit

einem Sondenrohr, das durch den Kern des Lautsprechers axial
geführt wird und am äußeren Ende ein Mikrofon beinhaltet.
Auf diese Weise erzielt man die geringste Störung des Schallfeldes. Da immer nur mit
einer Frequenz gemessen
wird, spielt der Fre-
quenzgang des Mikrofons
keine Rolle. Die Druck-
verhältnisse werden
trotzdem richtig ge-
messen.

Als Zubehör zum Kundt'-
schen Rohr wurden Meß-
geräte mit Skalen zur
direkten Ablesung des

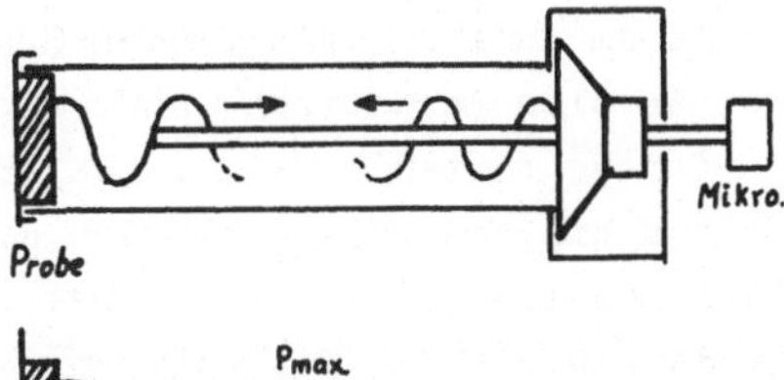
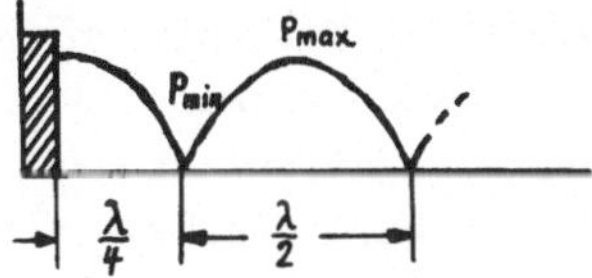

Bild 10: Kundt'sches Rohr und
Beispiel einer Druckverteilung

Schallschluckgrades aus der Ausschlagdifferenz für Maximum
und Minimum der stehenden Welle im Rohr entwickelt.

Nach DIN 52215 läßt sich der Absorptionsgrad α bestimmen,
wenn die Kennimpedanz bekannt ist und die Höhe der Druck-
maxima und Minima meßtechnisch bestimmt wurden

$$\alpha = \frac{\frac{1}{2}\frac{p_+^2}{Z_0} - \frac{1}{2}\frac{p_-^2}{Z_0}}{\frac{1}{2}\frac{p_+^2}{Z_0}} = 1 - \frac{p_-^2}{p_+^2} = 1 - r^2 \qquad (3.2)$$

Dabei ist r der Reflexionsfaktor.

Auch der bei der Reflexion auftretende Phasenwinkel läßt
sich aus der Lage der ersten Druckminima bzw. Maxima bestimmen. Er ist der Differenzbetrag zu $\pi/4$, da bei harter oder
weicher Reflexion das erste Minimum bei $\pi/4$ auftritt.

3.5 Reflexionsarmer Raum

Der reflexionsarme Raum ist ein akustischer Meßraum, in dem
ein freies Schallfeld erzeugt werden kann. Schallwellen, die
von einem in ihm befindlichen Sender abgestrahlt werden,
breiten sich (praktisch) reflexionsfrei, d.h. ausschließlich
als fortschreitende Wellen aus. Zu diesem Zweck sind die Be-
grenzungsflächen eines solchen Raumes lückenlos mit keilför-
migen Schallabsorbern aus Glas- oder Mineralfasern ausge-
kleidet, wobei die Keilspitzen in den Raum hineinragen. Die
schallabsorbierende Wirkung derartiger Wandauskleidungen ist
frequenzabhängig, sie nimmt nach tiefen Frequenzen hin ab.
In guten Räumen wird oberhalb der Grenzfrequenz, für die sie
ausgelegt sind, die Schallenergie zu mehr als 99,9 % absorbiert. Das entspricht einem Reflexionsfaktor

$$r < \sqrt{\frac{1 - 0,999}{1 + 0,999}} = 0,022366 \triangleq 2,24 \ \% \qquad (3.3)$$

Die untere Grenzfrequenz ist definiert als diejenige Frequenz, bei der der Reflexionsfaktor r = 0,1 $\triangleq$ 10 % bzw. der
Absorptionsgrad

$$\alpha = 1 - r^2 = 0,99 \triangleq 99 \ \% \qquad (3.4)$$

beträgt. Von der auftreffenden Schallenergie wird dabei nur
1 % reflektiert.

Reflexionsarme Räume benutzt man u.a. zur Untersuchung, Entwicklung und Freifeld-Kalibrierung von Schallempfängern und
Schallsendern (Mikrofone, Lautsprecher), zur Aufnahme von
Richtdiagrammen, für akustisch-physiologische Untersuchungen
oder zur Geräuschmessung an Industriegeräten.

3.6 Hallraum

Im Gegensatz zum reflexionsfreien Raum sind die Begrenzungs-
flächen eines Hallraumes schallhart und besonders gut reflek-
tierend ausgebildet. Die Schallwellen erfahren an ihnen eine
Vielzahl von aufeinanderfolgenden Reflexionen. Dabei entsteht ein diffuses Schallfeld. Das Raumvolumen liegt in der
Praxis zwischen 100 und 300 m^3. Die Wände sind meist durch
ein unregelmäßiges Relief uneben gestaltet und i.a. nicht
parallel zueinander angeordnet. Zur Erzielung einer möglichst großen Diffusität werden zusätzlich Streukörper (z.B.
gebogene Plexiglasplatten oder rotierende Drehkörper) in den
Raum gehängt.

Die Nachhallzeit eines Hallraumes, das ist die Zeit, bis
der Schallpegel vom 10^3-fachen Wert auf den Schwellwert des
Ohres abgeklungen ist, ist über den gesamten Tonfrequenzbereich hin sehr groß (bis zu 5 sec. und mehr !), so daß sich
nach Inbetriebnahme einer Schallquelle ein über den gesamten
Raum (praktisch) konstanter Schalldruckpegel einstellt.

Hallräume werden in der Hauptsache zur Messung der von einer
Schallquelle abgestrahlten Schalleistung, sowie zur Bestimmung des Absorptionsgrades von Schallschluckstoffen verwendet.

3.7 Hörsamkeit

Die Hörsamkeit kennzeichnet die Eignung eines Raumes für die
Schallausbreitung, in dem die Verständlichkeit des gespro-
chenen Wortes (siehe auch Abs. 2.4) oder der musikalische
Eindruck von Darbietungen durch die Reflexion von Schallwellen innerhalb des Raumes günstig oder ungünstig beeinflußt
wird. Sie wird mitbestimmt durch die Größe der Schallabsorption und die geometrischen Abmessungen des zu untersuchen-
den Raumes.

Schlechte Hörsamkeit liegt vor bei Vorhandensein toter Punkte oder Zonen, an die der Schall infolge Absorption oder Abdeckung oder mangels geeigneter Reflexionen nicht oder nur unzureichend gelangt. Andererseits wirkt auch ein Echo oder Nachhall störend, wenn der Schall mit mehr als 50 ms Verzögerung zurückkehrt. Für Messungen ist als Nachhallzeit diejenige Zeitspanne festgelegt, innerhalb derer der Schalldruck vom 10^3-fachen Wert auf den der Hörschwelle zurückgeht.

In vielen Fällen ist auch die Anhallzeit von Bedeutung, die vergeht, bis ein mit konstanter Amplitude erzeugtes Signal im Übertragungsmedium die volle Schwingungsweite erreicht hat. Nachhall und Anhall sind i.a. frequenzabhängig.

Die Hörsamkeit und die akustischen Eigenschaften eines Raumes werden weitgehend durch die geometrische Form und die Materialien seiner Wände, des Fußbodens und der Decke beeinflußt. Da die Schallwellen sehr viel länger sind als die Lichtwellen, ist eine besondere Glätte der rückwerfenden Fläche nicht erforderlich; die Unebenheiten müssen nur klein in bezug auf die Wellenlänge sein.

Dichte Körper mit großem Elastizitätsmodul wie Metalle, Hartholz, Stein und Glas werfen die Schallwellen stark zurück; Körper mit geringer Dichte wie Tuch, Watte und Kork reflektieren dagegen weniger. Diese Stoffe verwendet man daher zur Wandauskleidung in Räumen, deren störender Nachhall vermindert oder beseitigt werden soll. Dabei bezeichnet man das Verhältnis der absorbierten zur auftreffenden Schalleistung mit Schluckgrad, welcher meist frequenzabhängig ist. Er wird aber nicht nur von der Art und der Dicke des Schluckmaterials, sondern auch von der Anordnung und Schichtung bestimmt. Weiterhin hat die Richtung des auftreffenden Schalls (Einfallswinkel) einen nicht zu unterschätzenden Einfluß auf den Schluckgrad, weil durch sie die Eindringtiefe und die zurückgelegte Wegstrecke bestimmt wird.

3.8 Resonanz

Eine besondere Erscheinung, die sich bei der Wellenausbreitung zeigt, ist die Resonanz. Sie kommt dann zustande, wenn ein schwingungsfähiges Gebilde von einem Wellenzug im Takt seiner Eigenschwingungsdauer angestoßen wird. Dabei unterstützen alle nachfolgenden Impulse die schon vorhandene Bewegung, so daß die Schwingungsamplitude des erregten Systems sehr groß wird. Dieses schwingt auch dann noch weiter, wenn die Erregung durch die Welle aufgehört hat, bis die Schwingungsenergie durch Reibung oder Strahlung verbraucht ist.

Akustische Resonanz läßt sich durch Mitklingen von Stimmgabeln, schwingenden Saiten usw. leicht nachweisen. Auch eingeschlossene Luftmassen haben Eigenschwingungen, die sich in Pfeifen zur Schwingungserzeugung verwenden lassen.

Resonanzerscheinungen werden nicht nur zur Erzeugung und Übertragung, sondern auch zur Absorption von Schallenergie verwendet. Die zur Anregung und Aufrechterhaltung einer Schwingung notwendige Schallenergie wird dem Übertragungsmedium entzogen und im Resonator in Wärme umgewandelt. Derartige Absorptionsmittel arbeiten frequenzselektiv und werden neben porösen Schallschluckstoffen zur Lösung raumakustischer Probleme verwendet.

4 Schallwahrnehmung

4.1 Schallarten

Nicht alle Schallschwingungen werden vom Ohr wahrgenommen. Die hörbaren Schallfrequenzen reichen von ca. 20 Hz bis ca. 20 kHz, allerdings wird dieser Bereich mit zunehmendem Alter von oben her stärker und von unten her schwächer beschnitten. So hört ein 30-jähriger z.B. im unteren Bereich erst Frequenzen ab 30 Hz, während die obere Grenze auf 17 kHz sinkt.

Der Infraschall mit Frequenzen von nur wenigen Hertz spielt für Bodenuntersuchungen eine Rolle. Er entsteht z. B. bei Erdbeben und in starkem Maße auch beim Fortbewegen schwerer Massen.

Der Ultraschall mit Frequenzen oberhalb 20 kHz bis zu 10^8 Hz wird in der Chemie zum Konservieren, in der Medizin zur Diagnose und zur Heilung sowie in der Bautechnik zur Werkstoffuntersuchung und -prüfung verwendet.

4.2 Aufbau und Funktion des menschliches Ohres

Der Aufbau des menschlichen Ohres ist im Bild 11 schematisch

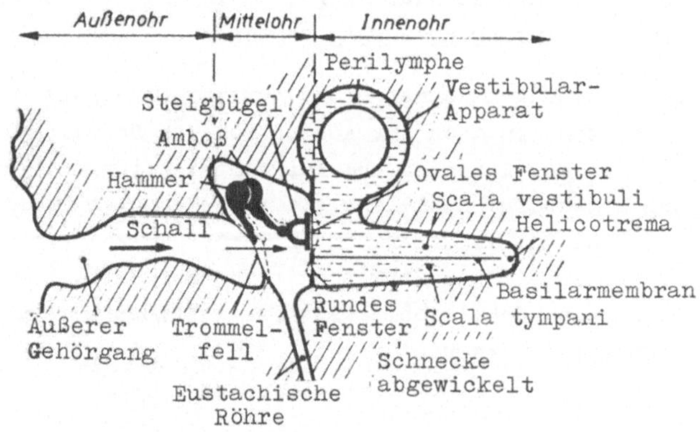

Bild 11: Schematische Darstellung des menschlichen Außen-, Mittel- und Innenohres mit abgewickelter Schnecke

dargestellt. Die Ohrmuschel mit dem darin beginnenden äußeren Gehörgang stellt den nach außen sichtbaren Teil unseres Gehörorgans dar. Sie dient zum Sammeln des Schalles durch Reflexionen. Der Gehörgang ist eine Art Hohlraum-Resonator, dessen inneres Ende mit einer nachgiebigen Membran, dem Trommelfell, abgeschlossen ist. Dieses bildet die Grenze zwischen äußerem und mittlerem Ohr. Das Mittelohr besteht

im wesentlichen aus der luftgefüllten Paukenhöhle, die über
die Eustachische Röhre mit dem Außenraum verbunden ist, und
aus den über Gelenke miteinander verbundenen Gehörknöchelchen Hammer, Amboß und Steigbügel. Diese bilden einen Hebel-
mechanismus, der einen Impedanztransformator darstellt und
die Schallbewegung auf das ovale Fenster, eine direkte
Verbindung zum Innenohr, überträgt. Infolge der Transformation ist der Schalldruck am ovalen Fenster bedeutend größer
als der, der auf das Trommelfell einwirkt.

Das Innenohr ist mit einer Flüssigkeit, der Perilymphe, gefüllt. Es besteht aus einem schneckenförmig aufgewickelten,
abgeschlossenen Kanal, der Schnecke, von ca. 32 mm Gesamt-
länge, der im Bild 11 abgewickelt dargestellt ist. Neben der
Impedanztransformation üben die Gehörknöchelchen noch eine
Schutzfunktion aus, denn sie werden bei sehr hohen Schall-
drücken durch bestimmte Muskeln aus ihrer üblichen Lage gedreht und verhindern damit eine Zerstörung des ovalen Fensters.

Der gesamte Schneckengang des Innenohres ist der Länge nach
durch eine Scheidewand mit
der Basilarmembran als be-
weglichem Teil in die Vorhoftreppe (scala vestibuli)
und die Paukentreppe (scala
tympani) geteilt. Von der
Vorhoftreppe abgetrennt
durch die sehr dünne Reiß-
nersche Membran erstreckt
sich der Schneckengang
(ductus cochlearis) durch
die ganze Länge der Schnecke

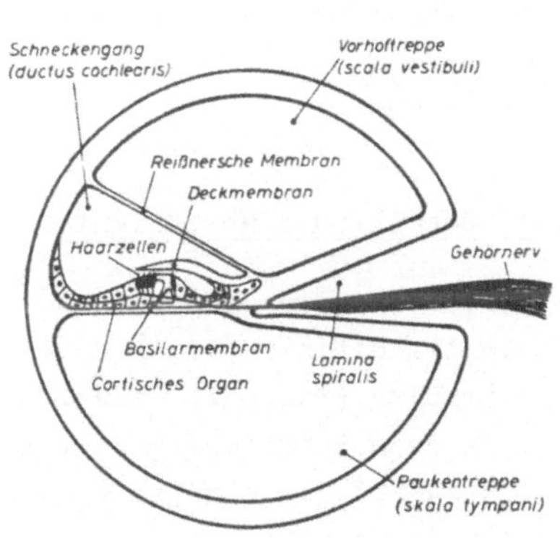

Dieser ist allseits geschlossen und mit Innenohrflüssigkeit gefüllt und enthält das
Cortische Organ, das das ei-

Bild 12: Schematische Darstellung des Querschnitts durch
einen Schneckengang in der
unteren Windung

gentliche Gehörzentrum darstellt. Die Verbindung zwischen
Vorhoftreppe und Paukentreppe bildet das Helicotrema an Ende
der Schnecke.

Schallwellen, die über den Steigbügel und das ovale Fenster
auf die Innenohrflüssigkeit der Vorhoftreppe übertragen werden, wandern als hydraulische Druckwellen durch die Schnecke,
gelangen durch die Basilarmembran in die Paukentreppe und
finden schließlich an deren anderem Ende zum Druckausgleich
das runde Fenster, das sich örtlich unterhalb des ovalen
Fensters befindet. Dabei biegt sich die Basilarmembran im
Rhythmus der Schallschwingungen durch und beeinflußt dadurch
das Cortische Organ, an dem die eigentliche Umsetzung in
Nervenreize erfolgt.

Das Cortische Organ enthält etwa 25000 Sinneszellen, denen
in sehr geringem Abstand eine Deckmembran gegenübersteht.
Bewegungen der Basilarmembran verursachen eine Reizung dieser Haarzellen. Die dadurch hervorgerufenen Aktionspotenti-
ale werden über den Gehörnerv dem Hörzentrum des Gehirns
mitgeteilt: Es kommt zur "Sinneswahrnehmung des Hörens",
deren Funktion jedoch bisher noch nicht restlos geklärt werden konnte.

4.3 Schall- und Hörereignis

Eine Schallwelle, die auf das Ohr trifft, ist physikalisch
eindeutig definierbar. Ein Sinuston z. B. hat eine eindeutig
bestimmbare Frequenz, Dauer, Einfallsrichtung und Schallpegel. Dieses Schallereignis trifft als Reiz auf das Gehör,
durchwandert das komplizierte mechanische System des Mittel-
und Innenohres und wird schließlich als nervöse Information
über eine Reihe von Schaltstellen und Nervenzentren zum Ge-
hirn geleitet. Erst jetzt wird der Reiz als Hörereignis, als
Empfindung bewußt. Diese kann aber nicht mehr durch die physikalischen Größen des Schallereignisses beschrieben werden,

da Empfindungen keine physikalischen Größen und somit nicht
unmittelbar meßbar sind. Außerdem wird die Form des Reizes
bei der mechanischen Übertragung im Mittel- und Innenohr verändert. Ein Sinuston z. B. erhält zusätzliche Oberwellen, er
wird verzerrt. In den Nervenzellen wird der Reiz sogar nicht
mehr kontinuierlich, sondern als Folge von Impulsen weitergeleitet. Eine weitere Komplikation ergibt sich daraus, daß
zwar die Größen des Schallereignisses von einander unabhängig meßbar sind, beim Hörereignis aber mit einander verknüpft
werden. So hängt z. B. die Tonhöhe eines Sinustones zwar
hauptsächlich von der Frequenz, aber außerdem auch von der
Dauer und dem Schalldruckpegel des Ereignisses ab. Der Zusammenhang von Schallereignis (Reiz) und Hörereignis (Empfindung) ist also sehr komplex.

Um über das Hörereignis gültige Aussagen machen zu können,
müssen wir die Aussagen von Versuchspersonen auswerten. Ein
Hörereignis ist demnach laut oder leise; meist werden sogar
Ausdrücke aus anderen Sinnesbereichen verwendet (hell, dunkel, schwach, spitz, usw.). Diese Wörter sind sehr ungenau.
Es ist jedoch möglich, den Zusammenhang von Reiz und Empfindung genauer, z. B. durch Kurven anzugeben, weil eine Ver-
suchsperson ihre Aufmerksamkeit auf einzelne Komponenten des
Hörereignisses richten, also selektiv hören kann. Sie kann
z. B. die Lautheit verschieden langer und hoher Töne vergleichen, weil nicht interessierende Größen dabei außer acht
gelassen werden. Solche Komponenten sind die sogenannten Empfindungsgrößen (z. B. die Lautheit). Sie enthalten - wie
die Reizgrößen - eine Einheit (z. B. das sone). Jede Empfindungsgröße kann durch eine Kurve in Abhängigkeit von der jeweiligen Reizgröße beschrieben werden. Dabei müssen die un-
berücksichtigten Reizgrößen konstant gehalten werden.

Betrachten wir am Beispiel der Empfindungsgröße Lautheit,
die in erster Linie vom Schalldruckpegel bestimmt wird, wie
Empfindungsgrößen definiert und mit Einheiten versehen werden können. Will man die Lautheit eines Tones messen, so

hält man bei allen Versuchen die Frequenz und die Dauer konstant, z. B. 1000 Hz und 1,0 s. Dem Ton mit dem Schalldruckpegel L_p = 40 db schreibt man für diese Frequenz und Dauer willkürlich die Lautheit S in sone zu. Nach wiederholter Verdopplung oder Halbierung der Lautheit, die sich relativ einfach bestimmen läßt, erhält man durch entsprechendes Verändern des Schallpegels eine so große Zahl von Pegelwerten, daß man schließlich die Abhängigkeit von L_p und S als stetige Kurve angeben kann.

Die Beziehungen von Reizgröße und Empfindungsgröße werden bei Versuchen in einem "objektivierten wissenschaftlichen Klima" meist mit Sinustönen oder Rauschen gewonnen. Diese Hörbedingungen unterscheiden sich von denen, wie wir sie z. B. beim Hören von Musik vorfinden, erheblich, denn ein Ton in einem Musikstück hat nicht nur Lautheit, Dauer und Tonhöhe, sondern er ist auch musikalischer Sinnträger. Er hat eine bestimmte Stellung in einer Melodie oder Harmonie, oder er ist Träger eines Wortes; er kann aber auch Teil eines lästigen Geräusches sein. Diese verschiedenen Sinnfunktionen, die ein Ton annehmen kann, beeinflussen natürlich die Hörempfindung außerordentlich. Weiteren Aufschluß können hier nur spezielle psychologische Testmethoden erbringen.

4.4 Lautstärkepegel und Lautheit

Man nennt den Bereich, in dem - abhängig von Frequenz und Schalldruckpegel - ein Schallereignis ein Hörereignis auslöst, das Hörfeld. Nur Ereignisse, deren Frequenzen zwischen 16 und 16000 Hz (maximal 20 kHz) liegen, rufen Hörereignisse hervor. Mit dem Alter verschiebt sich die obere Hörgrenze in Richtung tieferer Frequenzen, bei 60-jährigen liegt sie häufig nur bei 5 kHz (!). Die allgemeine Hörfähigkeit wird dadurch aber nur unwesentlich beeinträchtigt, da der optimale und wichtigste Hörbereich unter 4000 Hz liegt. Die untere Grenze des Hörfeldes wird durch die Hörschwelle, die obere

durch die Schmerzschwelle gebildet. Im Bild 13 ist außerdem
der Bereich, den Sprache und Musik einnehmen, eingezeichnet.

Durchläuft ein Sinuston
mit konstantem Schall-
druckpegel von z. B.
20 db den gesamten hör-
baren Frequenzbereich,
so bleibt der Ton kei-
neswegs gleich laut. Er
wird vielmehr mit stei-
gender Frequenz zunächst
lauter und ab 4 kHz wie-
der leiser. Um dieses
Phänomen beschreiben zu
können, hat man Kurven
gleicher Lautstärkepe-

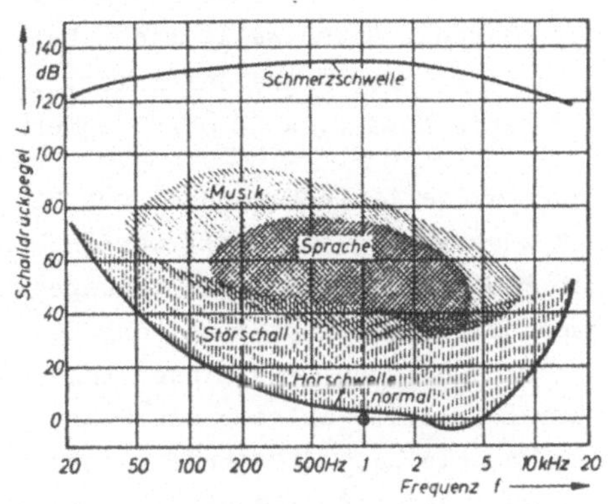

Bild 13: Hörfeld mit Sprach-,
Musik- und Störbereich

gel ermittelt. Sie geben in Abhängigkeit von der Frequenz
den Schalldruckpegel an, der die jeweils gleiche Lautstärkeempfindung hervorruft. Damit beschreiben sie eine der wich-

tigsten Eigenschaf-
ten des menschli-
chen Gehörs. Man
ordnet jeder die-
ser Kurven einen
bestimmten Laut-
stärkepegel zu, der
in phon angegeben
wird. Für 1000 Hz
stimmen Schalldruck-
pegel in db und
Lautstärkewert in
phon zahlenmäßig
überein.

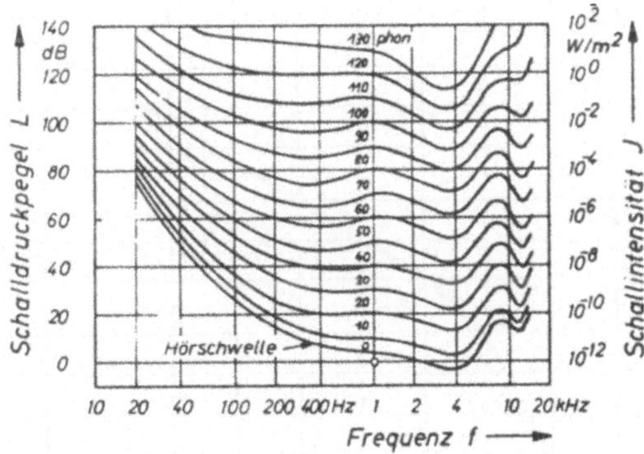

Bild 14: Kurven gleicher Lautstärke
aufgenommen mit Sinustönen

Es ist sinnvoll, die Kurven gleicher Lautstärkepegel zu normen, um für alle Überlegungen, die sich an diese Kurven an-

lehnen, eine gemeinsame Basis zu haben. Das Bild 14 zeigt die nach DIN 1318 und 45630 genormten Kurven, die mit den internationalen ISO-Empfehlungen übereinstimmen. Es fällt auf, daß die Hörschwelle nicht bei O phon, sondern bei 4 phon liegt. Der Grund dafür ist, daß als Bezugsschalldruck der runde Wert $p_o = 20~\mu N/m^2$ international vereinbart wurde.

Während die Lautstärkepegel von Sinustönen relativ einfach und zuverlässig ermittelt werden können, sind die Verfahren zur Feststellung des Lautstärkepegels von Klängen und Geräuschen komplizierter und ergeben je nach Verfahren recht unterschiedliche Ergebnisse. Angenäherte Werte bringen in diesem Fall die allgemeinen Messungen des bewerteten Schalldruckpegels nach DIN 45633. Genauer kann der Lautstärkepegel aufgrund der psychoakustischen Kenntnisse über das Gehör berechnet werden. Das Verfahren nach Z w i c k e r wurde in DIN 45631 genormt und als ISO-Empfehlung R 532 B international verbreitet.

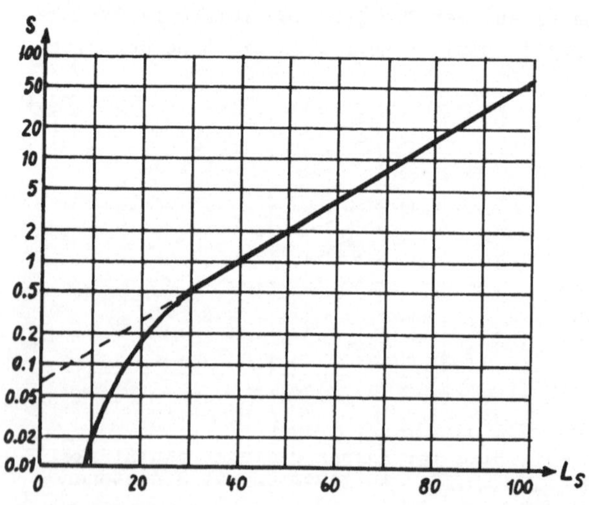

Bild 15
Zusammenhang zwischen Lautheit S und Lautstärkepegel L_S

Der Lautstärkepegel eignet sich zur Kennzeichnung der Lautstärkeempfindung ganz bestimmter Schallereignisse. Er ist aber nicht dafür geeignet, verschieden laute Ereignisse mit

verschiedenen Frequenzen miteinander zu vergleichen. Während
nämlich beim Schalldruck- oder Spannungspegel einer Druck-
oder Spannungsverdopplung eine Pegelzunahme von 6 db entspricht, bedeutet eine Verdopplung der empfundenen Lautstärke im wichtigen Lautstärkebereich über 40 phon eine Laut-
stärkezunahme von 10 phon. Hier erfaßt die Lautheit S die
tatsächlichen Lautstärkeverhältnisse verschiedener Lautstärkepegel L_S zueinander. Sie wird in sone angegeben; dabei
entsprechen 40 phon bei 1000 Hz $\triangleq$ 40 db der Lautheit 1 sone.
Dem doppelt so laut empfundenen Wert von 50 phon entsprechen
2 sone. Damit ergibt sich folgende Umrechnung, siehe auch
Bild 15:

$$L_S - 40 = 10 \text{ ld } S \triangleq 33 \text{ lg } S \qquad (4.1)$$

4.5 Anpassung und Verdeckung

Eine wichtige Eigenschaft des menschlichen Gehörs ist die
Fähigkeit, seine Empfindlichkeit einem bestimmten, gerade
herrschenden mittleren Schallpegel anzupassen, ebenso wie
sich das Auge an verschiedene Helligkeitsgrade anpassen
kann. Dadurch werden z. B. gleichmäßige Hintergrundgeräusche
im Höreindruck stark zurückgedrängt. Das Gehör kann sich
auch auf verschiedene Wiedergabepegel beim Anhören von Ton-
produktionen einstellen, ohne daß dabei ein wesentlicher
qualitativer Unterschied besteht. Es bildet sich nämlich
aus den mannigfaltigen Reizeindrücken ein Bezugssystem, das
Anpassungsniveau, an dem sich die einzelnen Urteile wie
laut - leise, hell - dunkel oder hoch - tief als an einem
Mittelwert orientieren. Diese Anpassung hat aber auch zur
Folge, daß ein gleichmäßiger Dauerton mit der Zeit immer
leiser erscheint, das Gehör "ermüdet". Es ordnet den Dauerschall als unwichtiges Hintergrundgeräusch ein.

Mit der Anpassung ist eine wichtige Erscheinung verbunden, die man als Verdeckung bezeichnet. Ein auf das Gehör einwirkender Reiz setzt gleichzeitig die Empfindlichkeit für andere Reize herab. Jedoch ist dieser Vorgang frequenzabhängig. Ein höherfrequenter Schall verdeckt einen tieferfrequenten dann, wenn der Frequenzabstand gering ist. Ein tieferer Schall verdeckt einen höherfrequenten aber nur dann, wenn der tiefere eine vergleichsweise große Intensität besitzt.

4.6 Tonhöhenempfindung

Die Empfindung der Tonhöhe eines Höreindruckes wird hauptsächlich durch die Frequenz eines Sinustones bestimmt. Doch auch der Schallpegel hat einen geringen Einfluß: Bei Frequenzen unter 2000 Hz sinkt die Tonhöhenempfindung geringfügig bei zunehmendem Pegel, bei höheren Frequenzen steigt sie an.

Bei aus Grund- und Obertönen zusammengesetzten Klängen bestimmt der Grundton, auch wenn er nur sehr schwach ist, die Tonhöhe. Selbst wenn der Grundton und die unteren Harmonischen ganz fehlen (z. B. bei Musikwiedergabe mit sehr kleinen Lautsprechern), bildet das Gehör aus den verbleibenden Klangkomponenten einen Tonhöheneindruck, der dem fehlenden Grundton entspricht. Diese Tonhöhe bezeichnet man mit Residualtonhöhe. Weiterhin erzeugt eine Verschiebung von Formantregionen (Obertongruppen) z. B. bei elektronischer Klangerzeugung einen bestimmten Tonhöheneindruck, der selbst dann entstehen kann, wenn - wie bei der Maultrommel - gar kein definierter Grundton vorhanden oder möglich ist.

Die kleinsten von unserem Gehör noch wahrnehmbaren Frequenzänderungen hängen sowohl von der Modulationsfrequenz f_m als auch vom Schalldruckpegel L ab. Bei einem Schallpegel von L = 70 db erhält man für Meßfrequenzen zwischen 0,2 und 8 kHz ein flaches Minimum für f_m im Bereich zwischen 2 und 5 Hz.

Bei einer Modulationsfrequenz von 4 Hz und einem Schallpegel
von 70 db erhält man eine Abhängigkeit des Frequenzhubes Δf
von der Meßfrequenz wie in Bild 16 dargestellt. Unterhalb

von 500 Hz ist der gerade
noch wahrnehmbare Frequenzhub Δf nahezu frequenzunabhängig, er beträgt etwa
1,8 Hz. Oberhalb dieser
Frequenz steigt er mit der
Frequenz f an mit der Stei-
gung von $3{,}5 \cdot 10^{-3} \cdot f$.

Der doppelte Frequenzhub
$2 \cdot \Delta f$ stellt jeweils eine
unterscheidbare Frequenz-
stufe oder Tonhöhenstufe
dar. Unterhalb von 500 Hz
befinden sich demnach

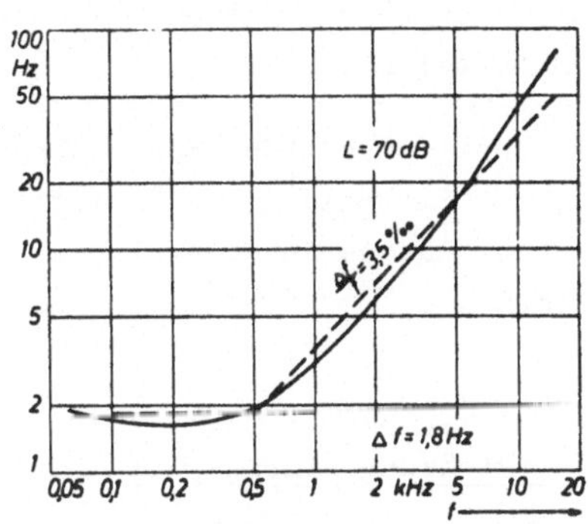

Bild 16: Kleinster wahrnehm-
barer Frequenzhub f eines
Tones als Funktion seiner
Frequenz. Modulationsfrequenz
4 Hz

500/(2·1,8) = 140 Tonstufen, oberhalb von 500 Hz bis 16 kHz
befinden sich 480 Tonhöhenstufen. Die insgesamt 620 Tonhöhenstufen innerhalb des wahrnehmbaren Frequenzbereiches vertei-
len sich linear auf die gesamte Länge der Basilarmembran,
wobei jede Stufe eine Breite von 32000 µm/620 = 52 µm hat.

4.7 Verzerrungen durch das Gehör

Bei der Weiterleitung der durch ein Schallereignis hervorgerufenen Impulse auf den Gehörnerven treten Verzerrungen auf.
Ein Sinuston wird dabei mit Oberwellen versehen, die aber
nicht hörbar sind, da die Hörempfindung auf das Leitungssy-
stem abgestimmt ist. Ein obertonreicher Klang kann daher
Obertöne enthalten, die mit den systembedingten zusammenfal-
len und damit ebenfalls unhörbar bleiben. Dagegen sind die
Kombinationstöne (Summen- und Differenzfrequenzen) dieser
unhörbaren Frequenzen sehr deutlich hörbar, soweit sie ins

hörbare Spektrum fallen. Besonders kritisch ist das Frequenz-
verhältnis 3:2 (Quinte). Fast ebenso empfindlich bezüglich
der Hörbarkeit von Verzerrungen des Gehörs sind die oberton-
armen Klänge einiger Musikinstrumente (Blockflöte) bei großen Lautstärken.

Die Kombinationstöne des Gehörs spielen eine wichtige Rolle
bei der Einteilung der Intervalle in Konsonanzen und Disso-
nanzen. Genaue Angaben hierzu können aber noch nicht gemacht
werden.

4.8 Richtungswahrnehmung

Aufgrund der Paarigkeit des menschlichen Gehörsinnes ist es
möglich, die Richtung, aus der ein Schallereignis einfällt,
mit dem Gehör zu bestimmen. Dabei kann es sich aus einer
Vielzahl von Eindrücken selektiv eine bestimmte Information
heraussuchen und die Wahrnehmung der übrigen Schallinforma-
tionen in geringerem oder stärkerem Maße unterdrücken. Dies
geschieht bei der Konzentration auf einen Sprecher, während
mehrere andere Eindrücke mit gleicher (und teilweise größerer) Lautstärke an das Ohr gelangen. Diese analytische Leistung bezeichnet man mit "intelligentem Hören". Ein selekti-
ves Hören existiert auch im Bereich der Tonhöhe und der
Klangfarbe.

Die Richtungswahrnehmung in der horizontalen Ebene beruht
auf einem Vergleich der nervösen Signale beider Ohren. Bei
Schalleinfall von vorne sind beide Signale identisch, bei
seitlicher Auslenkung unterscheiden sie sich entsprechend
dem Einfallswinkel: Die Signale haben einerseits Laufzeitunterschiede, andererseits (abhängig vom Spektrum) Intensitätsdifferenzen. Diese treten immer zusammen auf, eine getrennte Untersuchung ist daher nur beim Kopfhörerversuch
möglich. Die Richtungswahrnehmung in der Vertikalen beruht
auf Klangfarbenunterschieden.

4.8.1 Richtungswahrnehmung durch Laufzeitunterschiede

Bei seitlichem Schalleinfall ergibt sich bis zum Erreichen
der beiden Ohren ein Wegunterschied **Δx**. Dieser entspricht
einem Laufzeitunterschied **Δ**t zwischen den Signalen an beiden Ohren, der vom Abstand d der Ohren und vom Einfallswinkel α des Schalles abhängt. Aus Versuchen wurde folgende
Gleichung ermittelt:

$$\Delta t = \frac{d}{c}\left(1 + \frac{\sin\alpha}{4}\right)\sin\alpha \qquad (4.2)$$

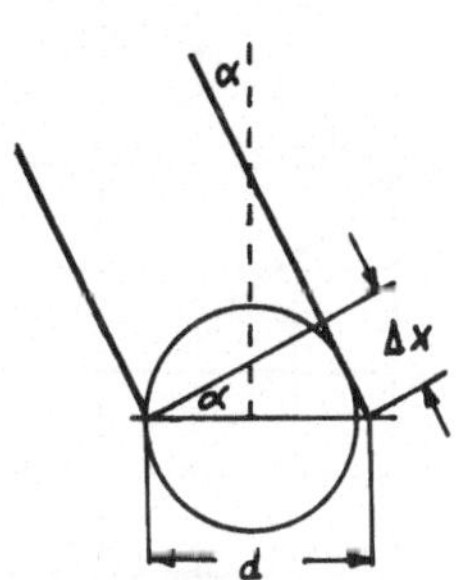

Bild 17:
Laufzeitunterschied
der Signale bei
beidohrigem Hören

Dabei bedeuten
Δt = Laufzeit des Schalles in Sek.,
d = Abstand der Ohren in Metern,
α = Einfallswinkel in Grad und
c = Schallgeschwindigkeit in m/s.

Der größte Laufzeitunterschied, der
bei seitlichem Schalleinfall entsteht,
beträgt ca. 600 µs; der geringste, der
noch wahrgenommen wird, ca. 30 µs, das entspricht einem Wegunterschied Δx = 1 cm.

Für impulsartigen Schall, wie ihn Sprache und häufig auch
Musik darstellt, ist die Definition von Laufzeitunterschieden eindeutig. Bei Dauerschall wird der Laufzeitunterschied
zu einem Phasenunterschied, der nicht nur richtungs-, sondern
auch frequenzabhängig ist. Oberhalb von 800 Hz wird die Zu-
ordnung Einfallsrichtung - Phasenunterschied daher mehrdeu-
tig, da die Wellenlänge kleiner als der Abstand der Ohren
wird. Daher ist die Ortung von Impulsschall weitaus genauer,
am genauesten in Blickrichtung.

4.8.2 Richtungswahrnehmung durch Intensitätsunterschiede

Neben den Laufzeitdifferenzen ergeben sich zwischen beiden
Ohren Intensitätsunterschiede, hervorgerufen durch die Ab-

schattung des Kopfes. Unterhalb von 500 Hz sind sie wegen
der Beugung des Schalles um den Kopf herum verschwindend gering, über 500 Hz nehmen sie mit wachsender Frequenz zu.
Bild 18 zeigt den Verlauf des Schallpegels an beiden Ohren
für Sprache in Abhängigkeit vom Einfallswinkel.

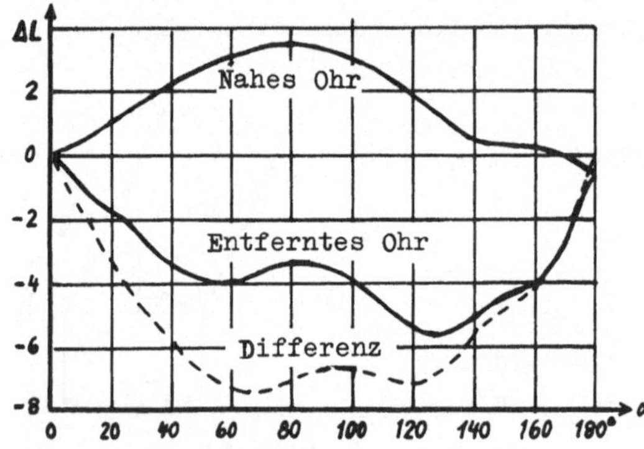

Bild 18
Verlauf des
Schallpegels am
nahen und ent-
fernten Ohr be-
zogen auf den
Pegel in Blick-
richtung (0 db)
in Abhängigkeit
vom Einfalls-
winkel.

Bei geringen Entfernungen gewinnt auch der durch den Entfer-
nungsunterschied zwischen der Schallquelle und beiden Ohren
bedingte Intensitätsunterschied Einfluß. Aufgrund der teilweise mehrdeutigen Zusammenhänge zwischen Frequenz, Intensität und Einfallswinkel ist die Schallokalisation allein
durch Intensitätsunterschiede bei stationärem Schall nur be-
schränkt möglich.

Wegen der Frequenzabhängigkeit der Schallintensität ergeben
sich bei breitbandigen Schallsignalen Klangfarbenunterschiede, die erst bei der Schallortung eine Rolle spielen.Hierbei
ist jedoch im Gegensatz zur Ortung durch Zeit- und Intensitätsdifferenzen eine gewisse Hörerfahrung nötig, d. h. man
muß die Klangfarbe bei frontalem Schalleinfall kennen und
sie mit der aufgenommenen Klangfarbe vergleichen.

Mit Hilfe dieser Klangfarbenunterschiede lassen sich Signale
orten, die von vorne oder hinten kommen. Eine Laufzeit- und
Intensitätsdifferenz tritt ja in diesem Falle nicht auf.

4.8.3 Ortungsschärfe

Bei der Richtungswahrnehmung natürlicher Schallquellen treten Laufzeit- bzw. Phasendifferenzen und Intensitäts- sowie
Klangfarbenunterschiede immer gleichzeitig auf; sie dürften
deshalb bei der Schallquellenortung alle zusammenwirken. Die
Ortungsschärfe erreicht in Blickrichtung 2 bis 3°, sie nimmt
bei seitlichem Schalleinfall auf etwa 4 bis 5° ab. Ein Rich-
tungswechsel von links nach rechts wird nach etwa 150 ms,
ein Wechsel von vorne nach hinten nach ca. 250 ms wahrgenommen. Impulshaltiger Schall ist wesentlich leichter zu loka-
lisieren als stationärer Schall.

Treffen beim Hörer zwei gleiche Schallereignisse kurz nach-
einander ein, z. B. nach Reflexionen, so gilt für eine Verzögerung zwischen 1 und 30 ms das Gesetz der ersten Wellenfront, auch H a a s -Effekt genannt: Der zuerst eintreffende Schall bestimmt den Richtungseindruck unabhängig davon,
aus welcher Richtung der nachfolgende Schall kommt. Dabei
darf der Pegel des nachfolgenden Schalles bis zu 10 db über
dem des Primärschalles liegen, ohne daß dadurch das Gesetz
der ersten Wellenfront seine Gültigkeit verlieren würde.

Bei Laufzeitunterschieden größer als 30 ms wird der zuletzt
eintreffende Schalleindruck als Echo empfunden und als solches gesondert lokalisiert.

4.8.4 Richtungswahrnehmung in der vertikalen Ebene

Auch in der vertikalen Ebene ist eine Richtungsbestimmung
der Schallquelle - wenn auch nur bedingt - möglich. Da die
vertikale Ebene die Symmetrieebene des Kopfes ist, ergeben
sich bei Schalleinfall von oben keine zusätzlichen Unterschiede zwischen den Signalen beider Ohren, wenn man von der
Reflexion am Erdboden absieht. Es entstehen aber Klangfarbenunterschiede bezogen auf die Klangfarbe des aus der Hori-

zontalen eintreffenden Signals, die durch die Form und Beschaffenheit von Kopf und Ohren einschließlich der Ohrmuscheln und durch die am Boden reflektierten Signalanteile verursacht werden. Je nach Höhenwinkel werden bestimmte Frequenzbänder, die "richtungsbestimmenden Frequenzen" angehoben. Es ist also auch hier ein gewisser Lernprozeß notwendig, um Richtungsbestimmungen in der Vertikalen vornehmen zu können. Die Ortungsschärfe von vorn und hinten ist größer als die nach oben und unten. Dabei dienen vorwiegend tiefe Frequenzanteile für die Ortung vorne - hinten und höhere Frequenzanteile für die Ortung oben - unten.

4.9 Entfernungswahrnehmung

Beim natürlichen Hören spielt die Gleichzeitigkeit von optischen und akustischen Eindrücken bei der Entfernungsbestimmung eine große Rolle, man kann aber auch mit nur einem Ohr die Entfernung zur Schallquelle abschätzen. Fehlt der optische Eindruck, so stimmt die Hörereignisentfernung mit der tatsächlichen Entfernung im allgemeinen nicht überein. Die Entfernungen können nicht mit Sicherheit bestimmt werden, jedoch werden sie unterhalb einer Distanz von 5 m bei weiterer Reduzierung merklich genauer. Nach Versuchsergebnissen kann die Hörereignisentfernung nicht beliebig groß gewählt werden, das Maximum liegt etwa bei 15 m.

Bei der Abschätzung der Entfernung wirken mehrere Faktoren zusammen: Klangfarbe, Lautheit und raumakustische Einflüsse. Eine wesentliche Rolle nimmt die Klangfarbe bei der Entfernungsbestimmung ein. Nahe Schallquellen klingen voller und dunkler, während weiter entfernte heller erscheinen. Diese Tatsache hängt mit den Abstrahlungsgesetzen zusammen: Schallwellen, deren Wellenlänge groß ist gegenüber der Ausdehnung der Schallquelle, werden kugelförmig, also mit 6 db Abfall je Entfernungsverdopplung abgestrahlt; hohe Frequenzen dagegen werden gerichtet, also mit geringerem Abfall abgestrahlt. Dadurch verschiebt sich mit wachsender Entfernung das Frequenzspektrum in Richtung höherer Frequenzen. Unterstützt wird diese Klangfarbenverschiebung noch durch die Frequenzabhängigkeit des Lautstärkeeindruckes: Nahe Schallquellen sind lauter als ferne, so daß bei wachsender Entfernung die tiefen Frequenzanteile zuerst unter die Hörschwelle absinken. Auch auf diese Weise wird mit wachsender Entfernung die Klangfarbe des Schallereignisses aufgehellt.

Ein Hörereignis wird umso näher empfunden, je lauter es erscheint. Vor allem bei bewegten Schallquellen sind die Änderungen der Lautheit wichtig für die Entfernungsabschätzung des Hörereignisses. In welcher Weise die Lautheit ausgewertet wird, ist noch nicht geklärt. Möglicherweise wird ein Vergleich zwischen dem gehörten Eindruck und einem erlernten Erfahrungswert durchgeführt, eine gewisse Hörerfahrung scheint also auch hier die Bedingung für eine Entfernungsabschätzung aufgrund der Lautheitswahrnehmung zu sein.

In geschlossenen Räumen ist eine Abschätzung der Hörereignisentfernung aufgrund des Verhältnisses von direktem zu diffusem Schall möglich, da der diffuse Schall unabhängig von der Entfernung der Schallquelle nahezu konstant bleibt, während der direkte Schall mit wachsender Entfernung abnimmt. Auch hier ist eine Kenntnis der akustischen Verhältnisse, also eine Hörerfahrung erforderlich, da das Raumvolumen und die Nachhallzeit mit dem Verhältnis von direktem zu diffusem Schall zusammenhängen. Dies ist auch der Grund dafür, daß eine Entfernungsbestimmung, die allein auf der akustischen Abschätzung beruht, in einem stark gedämpften Raum oder im sogenannten schalltoten Raum mit Sicherheit zu falschen Entfernungsangaben führt.

4.10 Summenlokalisationseffekt

Stellt man zwei Lautsprecher L_1 und L_2, die gleichzeitig exakt dasselbe Signal abstrahlen, in einem bestimmten Abstand b voneinander auf, so ortet der Hörer H nicht zwei getrennte Signale bei L_1 und L_2, sondern eine einzige fiktive Schallquelle S in der Mitte der Basis zwischen den beiden Lautsprechern. Erzeugt und verändert man innerhalb bestimmter Grenzen kontinuierlich die Pegel und/oder Laufzeitdifferenzen der Signale, so wandert die fiktive Schallquelle entlang der Lautsprecherbasis, bis sie schließlich in einem der beiden Lautsprecher stehen bleibt. Dieser Effekt macht die Illusion einer räumlichen Schallwiedergabe mit einer begrenzten Anzahl von Einzellautsprechern möglich und wird als Summenlokalisationseffekt bezeichnet.

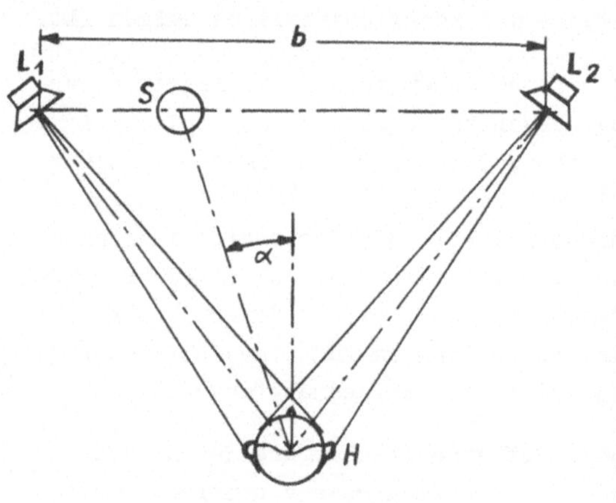

Bild 19: Summenlokalisation

Bei der stereofonen Lautsprecherwiedergabe überlagern sich also zwei Schallfelder. Hierbei erhält jedes Ohr von jedem Lautsprecher einen bestimmten Schallanteil, aus deren Pegel- und Laufzeitdifferenzen dann durch Summenlokalisation der Richtungseindruck (für eine fiktive Schallquelle) entsteht. Voraussetzungen für die einwandfreie Ortbarkeit durch Summenlokalisation sind, daß die Lautsprecher alle von derselben Schallquelle stammenden Signale ohne Phasenumkehr abstrahlen, daß die Pegel- und/oder Laufzeitdifferenzen innerhalb bestimmter Grenzen bleiben und daß sich der Hörer in einer bestimmten geometrischen Anordnung zu den Lautsprechern befindet, nämlich innerhalb der sogenannten Stereo-Hörfläche.

Je nach dem angewandten Aufnahmeverfahren treten Pegel- und Laufzeitunterschiede allein oder gleichzeitig auf. Bild 19 zeigt eine Anordnung zur Demonstration des Summenlokalisationseffektes.

4.10.1 Summenlokalisation bei Pegeldifferenzen

Strahlen bei der Wiedergabeanordnung die beiden Lautsprecher exakt dasselbe Signal phasengleich ab, so wird bei gleichem Pegel von L_1 und L_2 eine fiktive Schallquelle S genau in der Mitte der Basis geortet. Bei Pegeldifferenzen wandert die fiktive Schallquelle auf der Basis seitlich aus, um bei einer Pegeldifferenz von ca. 30 db ganz am Ort des Lautsprechers mit dem höheren Pegel stehen zu bleiben. Bereits bei 15 db Pegeldifferenz befindet sie sich so nahe am Lautsprecher, daß sie in der Praxis bereits ganz seitlich geortet wird. Der experimentell ermittelte Zusammenhang zwischen dem Winkel α und der Pegeldifferenz ΔL für Frequenzen zwischen 330 Hz und 7800 Hz bei einer Basisbreite von 3 Metern und einem Basis-

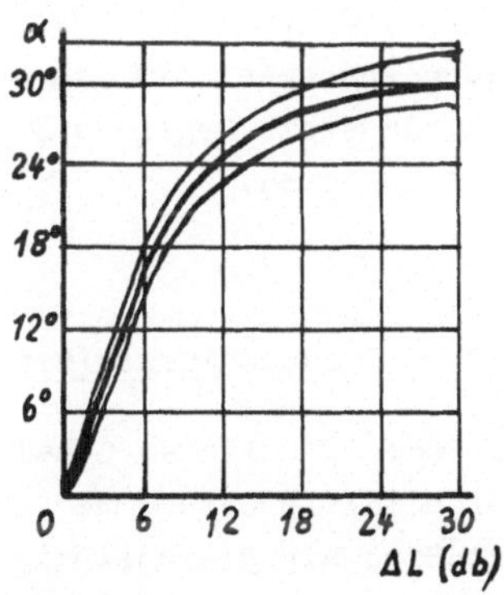

Bild 20: Zusammenhang zwischen Pegeldifferenz und α bei einer Basis von 3 m und einem Öffnungswinkel von 60°.

öffnungswinkel von 60° vom Hörer aus gesehen ist im Bild 20 wiedergegeben. Diese Kurven gelten nicht für den Zusammenhang Schallquellenrichtung - interaurale Intensitätsdifferenzen beim natürlichen Hören.

4.10.2 Summenlokalisation bei Laufzeitdifferenzen

Bei Laufzeitdifferenzen entstehen nicht so scharfe fiktive
Schallquellen wie bei Pegelunterschieden. Für Frequenzen unter 200 Hz sind Laufzeitdifferenzen wegen der zu großen Wellenlängen überhaupt nicht wahrnehmbar.

Bei Laufzeitunterschieden bis zu 30 ms wird der sogenannte
H a a s -Effekt wirksam (s. Abschnitt 4.8.3), wonach nur
derjenige Lautsprecher als Sitz der Schallquelle geortet
wird, der das Signal zuerst abstrahlt, auch wenn der andere
Lautsprecher einen bis zu 10 db höheren Pegel besitzt.
Bei Laufzeitunterschieden von (je nach der Struktur des Signales) mehr als 40 bis 90 ms werden schließlich zwei rich-
tungsmäßig und zeitlich getrennte Signale gehört. Der Übergang zwischen diesen Bereichen der Laufzeitdifferenzen ist
gleitend. Dadurch ergibt sich ein Bereich, in dem die fiktive Schallquelle über die gesamte Basis ausgedehnt erscheint.

Dieses Phänomen tritt in der Praxis jedoch nicht in Erscheinung, da stets Pegel- und Laufzeitdifferenzen gleichzeitig
vorhanden sind.

4.10.3 Zusammenwirken von Pegel- und Laufzeitdifferenzen

Bei jeder räumlichen Schallübertragung wirken Pegel- und
Laufzeitdifferenzen, wenn sie gleichzeitig auftreten, zusammen. Sind sie gleichsinnig gerichtet, so addieren sie sich
in ihrer Wirkung, sind sie gegensinnig gerichtet, so heben
sie sich ganz oder teilweise auf. Dies gilt besonders für
den Bereich bis etwa 18 db Pegeldifferenz und bis etwa 3 ms
Laufzeitunterschied. Die Zusammenhänge sind im Bild 21 auf
der gegenüberliegenden Seite dargestellt. Sie wurden empi-
risch unter Freifeldbedingungen oder im Kopfhörerversuch
ermittelt.

Ein besonderes Phänomen tritt
in den Fällen auf, in denen
die beiden Lautsprecher Signale mit sehr großen Phasen-
unterschieden abstrahlen,
weil sie z. B. falsch zueinander gepolt wurden. Bei Pha-
senunterschieden von mehr als
90° bis 270° kann bei entsprechenden Pegelverhältnis-
sen die virtuelle Schall-
quelle aus der Basis der beiden Lautsprecher seitlich

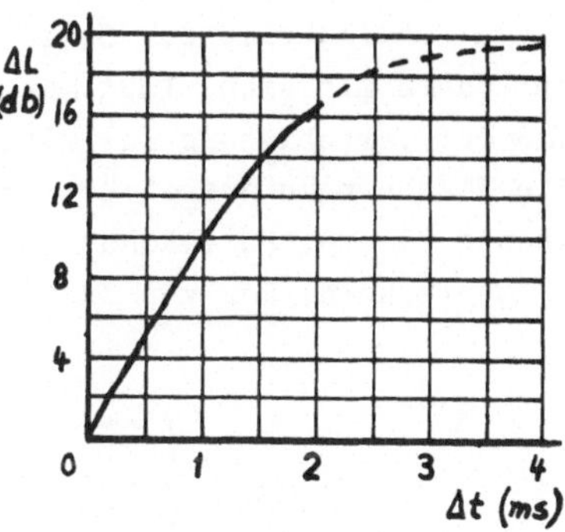

Bild 21: Einander äquivalen-
te Laufzeitunterschiede Δt
und Pegeldifferenzen ΔL

über den einen Lautsprecher hinauswandern. Gleichzeitig entsteht in der Mitte der Basis ein sogenanntes Loch. Solche
Anordnungen sind von Spezialeffekten abgesehen zu vermeiden,
da sie ein zerrissenes Klangbild erzeugen, das nicht mit dem
Original übereinstimmt.

Ein Grenzfall ist die "Im-Kopf-Lokalisation" eines Hörereignisses, die besonders bei Kopfhörerwiedergabe von Mono- und
raumbezogenen Stereosignalen zu beobachten ist, aber auch
bei Lautsprecherwiedergabe vereinzelt auftreten kann. Auch
sie tritt beim Verpolen auf; die Ursachen sind jedoch noch
nicht eindeutig geklärt.

4.10.4 Stereo-Hörfläche

Wie schon erwähnt ist eine der Voraussetzungen dafür, daß
eine einwandfreie Ortung des Schalles durch Summenlokalisation möglich ist, diejenige, daß sich der Hörer in einer bestimmten geometrischen Anordnung zu den Lautsprechern befindet. Diese Bedingung ist erfüllt, wenn er sich auf der Mittelachse zwischen den Lautsprechern befindet. Jede Abwei-
chung von dieser Ideallinie bringt Intensitäts- und Laufzeitdifferenzen am Hörort und damit ein Auswandern der fik-

tiven Schallquelle zur Seite in Richtung des näheren Lautsprechers mit sich. Läßt man ein bestimmtes, noch tragbares
Maß der Verschiebung der fiktiven Schallquelle zu, so ist
die Fläche noch ausreichender Mittenlokalisation, die sogenannte "Stereo-Hörfläche", ein schmaler Bereich zwischen den
Lautsprechern, der von zwei Hyperbelästen begrenzt wird.

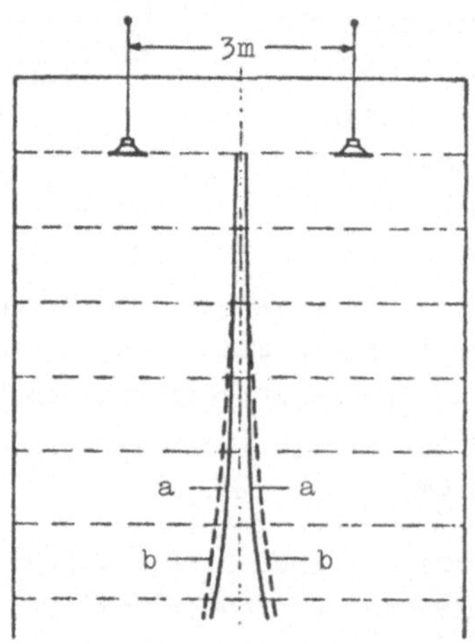

Bild 22: Stereo-Hörfläche
Zonen der richtigen Mittenlokalisation bei 3 m Basisbreite
a) Begrenzung bei Lautsprechern mit normaler Charakteristik
b) Begrenzung bei Lautsprechern mit breiter Charakteristik

Die Stereo-Hörfläche ist sehr schmal. Bei einer zugelassenen
Verschiebung der Mittenschallquelle um ± 50 cm bei einer Ba-
sisbreite von 3 m ist die Hörfläche in 3 m Abstand von der
Basis nur etwa 21 cm (!) breit, in 5 m Abstand nur 38 cm.
Bei größerer Basisbreite wird die Hörfläche sogar noch
schmaler, außerdem besteht die Gefahr, daß in Basismitte ein
Loch entsteht.

Lautsprecher mit großem Abstrahlwinkel wie Kugel- und Kalot-
tenstrahler verbreitern die Hörfläche um den Faktor 1,5; sie
haben jedoch den Nachteil geringerer Lokalisationsschärfe.

Die dargestellte Stereo-Hörfläche gilt allerdings nur bei ungehinderter Schallausbreitung, also im Freien oder im schalltoten Raum; in kleinen Räumen ändert sie sich wegen der Reflexionen an den Wänden beträchtlich.

Die Stereo-Hörfläche kann durch Anbringen von Zusatzlautsprechern an den seitlichen Begrenzungswänden, die mit einem genau abgestimmten Pegel- und Laufzeitverhältnis zum Frontlautsprecher betrieben werden müssen, beträchtlich verbreitert werden, ohne daß dadurch der Richtungseindruck verfälscht wird. Solche Zusatzlautsprecher werden meist über ein kompliziertes Koppelnetzwerk angeschlossen, das sowohl die Pegel- als auch die Phasenverhältnisse dem vom Frontlautsprecher erzeugten Schallfeld angleicht. Dieses Verfahren hat nichts mit der Quadrofonie zu tun, bei der die Richtungsinformationen über vier getrennte Kanäle übertragen werden.

4.11 Stereo-Aufnahmeverfahren

Ob eine Stereo-Übertragung originalgetreu empfunden wird oder nicht, hängt im wesentlichen von der Aufnahmetechnik ab, denn bei der normalen Stereowiedergabe in Räumen werden bei allen Verfahren zwei Lautsprecher in einem bestimmten Abstand voneinander (s. Abschnitt 4.10.4) aufgestellt und mit dem Rechts- bzw. Linkssignal angesteuert. Es ist aber schwierig, eine verbindlich richtige Aufnahmetechnik zu finden. Das Ziel muß stets eine echte Illusion der Realität beim Zuhörer bleiben. Ob damit eine Ortung von Einzelinstrumenten verbunden ist oder nicht, bleibt im Grunde genommen nebensächlich. Falsch ist in jedem Falle eine sogenannte "Ping-Pong-Stereofonie", die auf zu starke Betonung der Rechts-Links-Kontraste zurückzuführen ist. Daher sollte bei jeder Stereo-Aufnahme neben dem Dynamikumfang und dem Frequenzband auch das Aufnahmeverfahren angegeben werden.

4.11.1 AB-Stereofonie

Betrachtet man die Rückseiten von bekannten amerikanischen
Stereo-Schallplatten, so findet man sehr oft genaue Hinweise
über die benutzte Aufnahmetechnik und verwendeten Mikrofone.
Die Angabe "2 x U 47" z. B. besagt, daß bei der Aufnahme
zwei Kondensatormikrofone U 47 der deutschen Firma Neumann
verwendet wurden. Gleichzeitig erkennt man daraus, daß die
Aufnahme nach dem klassischen AB-Stereo-Verfahren durchgeführt wurde, bei dem zwei Mikrofone, meist solche mit Nierencharakteristik, in großem Abstand von einander (z. B. 3 bis
5 m) symmetrisch in ca. 1,5 bis 2 m Entfernung vor dem Or-
chester aufgestellt wurden (siehe Bild 23).

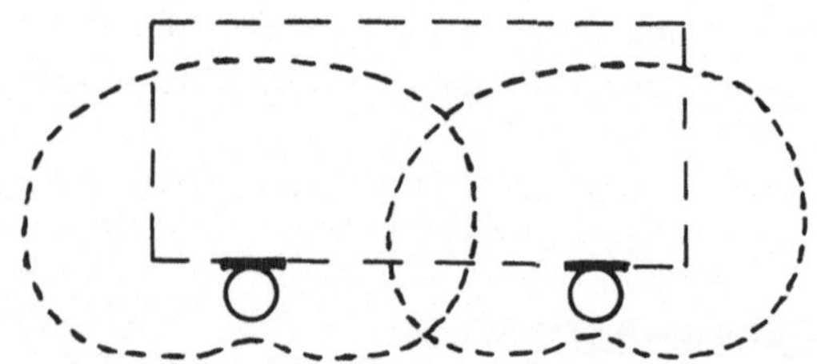

Bild 23: AB-Stereo-Verfahren

Dieses Verfahren wird mit AB-Stereofonie bezeichnet. Es
bringt von allen bekannten Verfahren die beste Stereo-Wie-
dergabe. Der Grund, warum es trotzdem heute fast nicht mehr
verwendet wird, liegt hauptsächlich in der Inkompatibilität
bei Mono-Wiedergabe. Jedes Mikrofon "hört" nämlich alle Ein-
zelinformationen mit unterschiedlichem Pegel und verschieden
großer Laufzeitverschiebung, so daß ein einfaches Parallel-
schalten beider Kanäle unzulässig große Verzerrungen und
Echowirkungen (Hall) mit sich bringen würde.

Ein weiterer Nachteil (nicht nur) dieses Verfahrens ist, daß
sich der Stereo-Eindruck verändert, falls sich die Übertragungseigenschaften eines der beiden Kanäle gegenüber dem anderen verändern, also Phasen- und/oder Intensitätsunter-

schiede auftreten würden. In diesem Falle würde sich der
Richtungseindruck verschieben.

Nach wie vor hat jedoch das AB-Verfahren seine Bedeutung.
Vor allem kann es in der Hand des Amateurs Vorteile bringen,
da eine große Freizügigkeit in der Aufstellung der beiden
Mikrofone besteht. Bei dieser Anordnung können auch bestimmte Schallquellen besonders betont werden.

In der Studio-Praxis findet man häufig neben den beiden AB-
Hauptmikrofonen noch ein oder mehrere Einzelmikrofone, die
entweder einem Einzelkanal zugemischt oder aber, wenn das
Schallereignis aus der Mitte kommen soll, auf beide Kanäle
mit gleicher Amplitude und Phase gegeben werden. Unter Zu-
hilfenahme eines Mischpultes mit Richtungsregler kann auch
eine künstliche Bewegung der Einzelschallquelle hervorgerufen werden.

4.11.2 XY-Verfahren

Verzichtet man auf die Übertragung der Laufzeitunterschiede,
die, wie sich herausgestellt hat, für den stereofonen Eindruck nicht unbedingt erforderlich sind, so kann man zwei
Richtmikrofone an einem einzigen Punkt, also auf einem Sta-
tiv aufstellen. In der Praxis ordnet man beide Kapseln direkt übereinander an und macht sie außerdem derart gegeneinander drehbar, daß sich in der Richtung der Hauptempfindlich-
keitsachsen beliebige Winkel einstellen lassen. Die stärkste
stereofonische Wirkung erzielt man, wenn die Einzelmikrofone
einen Winkel von ca. 110° bilden. Durch die richtungsabhängige Empfindlichkeit der beiden Mikrofone entstehen dann der
Intensität entsprechende unterschiedliche Spannungen, die
den stereofonischen Effekt erzeugen. Diese Mikrofonanordnung
wird mit XY-Verfahren bezeichnet. Sie ist im Bild 24 schematisch dargestellt.

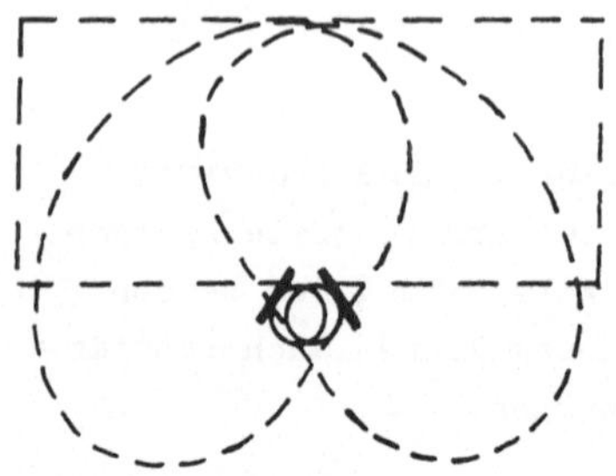

Bild 24: XY-Verfahren

Bei Verwendung von Mikrofonen mit Richtcharakteristik muß übrigens darauf geachtet werden, daß keine Lokalisierungsunschärfen durch frequenzabhängige Ortung auftreten. Die Richtcharakteristiken beider Mikrofone sollen daher genau übereinstimmen und möglichst frequenzunabhängig sein.

Bekannte Stereo-Mikrofone nach dem XY-Prinzip sind die Typen D 88 von AKG bzw. D 77 von Telefunken, sowie MDS 1 von Sennheiser-electronic und GDSM 200 von Grundig. Es handelt sich um Tauchspulensysteme mit einer Auslöschung von 12 db bei 180°. Der Empfindlichkeitsunterschied zwischen beiden Systemen beträgt bei 1000 Hz höchstens o,5 db, der Frequenzbereich des einen Systems liegt im Toleranzbereich von ± 1,5 db zu dem des anderen Systems. Für höchste Studio-Ansprüche steht das Neumann-Stereo-Mikrofon SM 2 oder das AKG-Mikrofon C 24 zur Verfügung.

Auch beim XY-Verfahren tritt der bereits erwähnte Nachteil der subjektiven Richtungsänderung bei unterschiedlicher Alterung beider Kanäle auf, da die Richtungswahrnehmung durch das Verhältnis von Rechts- und Linkspegel übertragen wird.

4.11.3 MS-Verfahren (Koinzidenz-Verfahren)

Eine besondere Art der Intensitäts-Stereofonie ist das von dem dänischen Ingenieur H. L a u r i d s e n erdachte "MS-System". MS bedeutet Mitte-Seite, entsprechend den beiden Haupt-Aufnahmerichtungen. Für die Aufnahme des Mittensignales dient eine nach vorne gerichtete Mikrofonkapsel mit Nierencharakteristik. Unmittelbar darunter befindet sich eine um 90° nach der Seite gerichtete Kapsel mit Achtercharakteristik (Bild 25). Es wird hierzu vorzugsweise das Neumann-Stereo-Mikrofon SM 2 verwendet. Dieses Verfahren liefert nun - und das ist sehr interessant - unmittelbar das, was für kompatible Stereofonie erforderlich ist, nämlich ein Mitten- oder Mono-Signal ohne Rich-

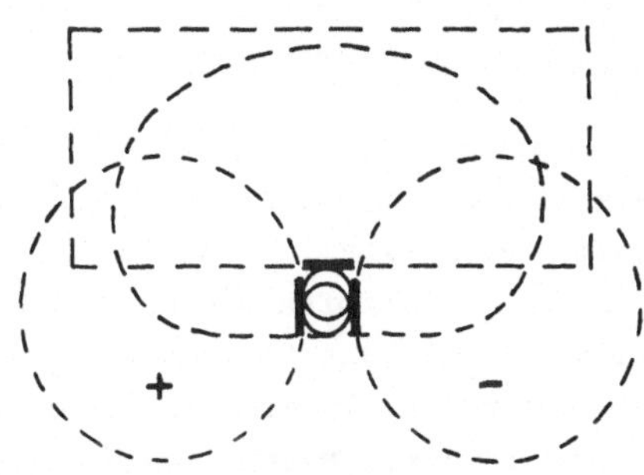

Bild 25: MS-Verfahren

tungskomponente und ein entsprechend in der Polung gerichtetes Seiten- oder Richtungs-Signal.

Befindet sich z. B. ein eng begrenztes Schallereignis genau in der Mittelachse vor dem MS-Mikrofon, so liefert das Mittenmikrofon die höchste Spannung, während die beiden nach den Seiten gerichteten Empfindlichkeitsmaxima des Achtermikrofons je nur einen geringen Betrag des Schallpegels aufnehmen. Die Phasenlage zwischen Links und Rechts ist aber genau entgegengesetzt, so daß sich die Spannungen aufheben. Befindet sich die Schallquelle an einer der beiden Seiten, so erhält man zu der (verringerten) Mittelspannung eine starke, je nach Seite gepolte Spannung am Achtermikrofon.

Es sei noch erwähnt, daß an Stelle eines einzelnen MS-Mikrofones auch eine Gruppe von Mikrofonen verwendet werden kann, so daß ohne Mühe alle Wünsche sowohl an eine vollwertige monofone als auch stereofone Wiedergabe erfüllt werden können.

Das Mitten- und Seitensignal kann aber nicht direkt den beiden Lautsprechern zugeführt werden, weil das Mittensignal bereits das vollständige Monosignal ist, während das Seitensignal die zusätzliche Richtungsinformation liefert. Diese müssen erst in ein Rechts- und ein Linkssignal umgewandelt werden. Dies geschieht zweckmäßigerweise erst am Ende des

Übertragungsweges in unmittelbarer Nähe der Wiedergabe-Laut-
sprecher, um Übertragungsverzerrungen klein zu halten.

Beim MS-Verfahren entspricht - wie wir gesehen haben - dem
Signal für einen Schalleindruck aus der Mitte der Basis die
Summe, dem Signal für einen Eindruck auf der Seite die Differenz der Mikrofonspannungen. So wird das Mittensignal auch
Summensignal, das Seitensignal auch Differenzsignal genannt.
Die Umwandlung in ein Rechts-Links-Signal erfolgt durch Addition in einer Matrix (wenn bei gesonderten Richtungsmikro-
fonen getrennte Richtungssignale zur Verfügung stehen) oder
durch einen speziellen Differentialübertrager.

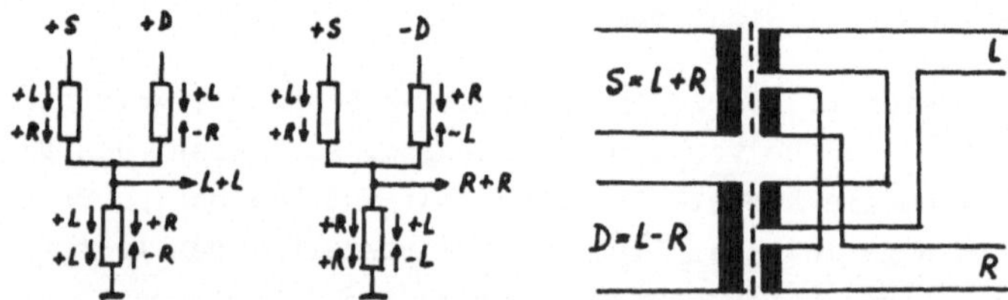

Bild 26: Umwandlung des Summen- und Differenzsignals
in ein Rechts- und Links-Signal durch eine
Matrix (links) oder Übertrager (rechts).

In beiden Fällen ergibt sich aus der Summe
$$S + D = (L + R) + (L - R) = 2 L$$
und aus der Differenz $\qquad\qquad$ (4.3)
$$S - D = (L + R) - (L - R) = 2 R.$$
Die Umpolung des Differenzsignals erfolgt - wie schon ge-
sagt - bei Seitenwechsel im Achtermikrofon bzw. in dessen Ersatzschaltung durch entsprechende Richtmikrofone.

Das MS-Verfahren hat gegenüber den beiden bisher besproche-
nen Verfahren zwei Vorteile: Erstens ist es kompatibel, d. h.
es liefert unmittelbar ein Monosignal, und zweitens ist es
unempfindlich gegenüber unterschiedlichen Änderungen der beiden Übertragungskanäle, denn eine solche Änderung führt nicht
zu einer Verschiebung des Richtungseindruckes, sondern ledig-
lich zu einer Veränderung der Basisbreite.

5 Schallerzeuger

5.1 Saiten

Zur mechanischen Schallerzeugung dienen Geräte, durch die
feste oder gasförmige Körper in Schwingungen versetzt werden. In den meisten Fällen handelt es sich dabei um Massen
mit ausgeprägter Eigenschwingung, die durch äußeren Anstoß
erregt werden. Die Frequenz der meist stark gedämpften
Schwingung hängt ab von den Trägheitskräften und den elasti-
schen Kräften der Schwungmasse.

Eine Saite ist eine langgestreckte Masse, die an beiden Enden eingespannt ist. Hier müssen also stets zwei Knoten der
sich ausbildenden Querwelle oder
einer ihrer Harmonischen liegen,
unabhängig davon, ob die Saite
ihren Grundton oder einen Ober-
ton erzeugt. Die Frequenz des
Grundtones kann berechnet werden aus der Länge l, dem Querschnitt A, der Dichte ρ und der
spannenden Kraft F zu

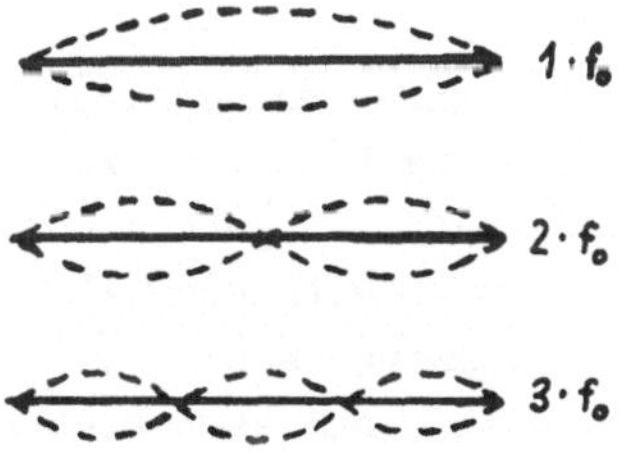

$$f_o = \frac{1}{2l}\sqrt{\frac{F}{\rho A}} \qquad (5.1)$$

Bild 27: Schwingungsformen
einer Saite

Eine Saite kann durch Zupfen, Anschlagen oder Streichen zum
Schwingen erregt werden. In den ersten beiden Fällen schwingt
sie mit abklingender, im letzten Fall mit gleichbleibender
Amplitude. Ob eine Saite in der Grundschwingung oder in einer Oberwelle schwingt, hängt von der Stelle ab, an der die
Erregung stattfindet und sich ein Schwingungsbauch bildet.
Zur besseren Abstrahlung des Tones werden die Saiten meist
auf einen Resonanzkörper gespannt, dessen Eigenschaften in
starkem Maße mitbestimmend sind für die Stärke und Klangfarbe des entstehenden Tones. Dies ist auf die Vergrößerung
des Strahlungswiderstandes zurückzuführen.

Beispiel 4:

Eine 1 m lange Saite wird von einer Kraft F = 40 N gespannt.
Zu errechnen ist die Frequenz f_0 der in der Grundschwingung
erregten Stahlsaite, deren Durchmesser D = 0,2 mm und deren
Dichte ρ = 7,86 g/cm³ beträgt.

Lösung:

$$f_0 = \frac{1}{2l}\sqrt{\frac{F}{\rho\,A}} = \frac{1}{200\ \text{cm}}\sqrt{\frac{4000000\ \text{g cm s}^{-2}}{7,86\ \text{g/cm}^{-3}\cdot 10^{-4}\ \text{cm}^2\,\pi}} = 200\ \text{Hz}$$

5.2 Stäbe

Stäbe sind querschwingende Körper, die nur einseitig eingespannt sind oder ganz frei schwingen. Im ersten Fall liegt
an der Einspannungsstelle ein Knoten und am freien Ende ein
Schwingungsbauch; im zweiten Falle befinden sich an beiden
Enden Schwingungsbäuche. Da der Querschnitt eines Stabes
nicht mehr gegenüber der Länge vernachlässigbar ist, erfolgt
eine Schwingung hier unter elastischer Verformung durch Biegung. Infolgedessen stehen die Frequenzen der Oberwellen in
keinem ganzzahligen Verhältnis zur Grundfrequenz. Zu den
querschwingenden Stäben gehört auch die Stimmgabel.

Stäbe, die in der Mitte gehalten werden, können durch Reiben
zu Längsschwingungen angeregt werden. Dabei entsteht in der
Mitte ein Knoten und an den Enden je ein Schwingungsbauch.
Sind E der Elastizitätsmodul, ρ die Dichte und l die Länge
des Stabes, dann gelten für die Schallgeschwindigkeit c innerhalb des Stabes und für die Frequenz der Längsschwingung
entsprechend der Gleichung (1.7) die Gleichungen

$$c = \sqrt{\frac{E}{\rho}} \tag{5.2}$$

und

$$f = \frac{1}{2l}\sqrt{\frac{E}{\rho}} \tag{5.3}$$

5.3 Pfeifen

Die Wirkung von Pfeifen beruht auf Schwingungen der in ihnen
eingeschlossenen Luftmassen. Man unterscheidet Lippen- und
Zungenpfeifen. Bei der Lippenpfeife strömt Luft aus dem unteren Teil T durch eine Spalte S gegen
eine am unteren Ende des Pfeifenrohres
befindliche Kante, die Lippe L am Maul
M der Pfeife. Bei offenem oberen Rohrende spricht man von einer offenen
Pfeife; dort befindet sich dann ein
Schwingungsbauch. Bei geschlossenem
oberen Rohrende handelt es sich um eine gedackte Pfeife; sie hat einen Knoten am oberen Ende. Der entstehende
Ton hat bei Erregung in der Grundwel-
le die doppelte Wellenlänge, also die
halbe Frequenz gegenüber der offenen
Pfeife.

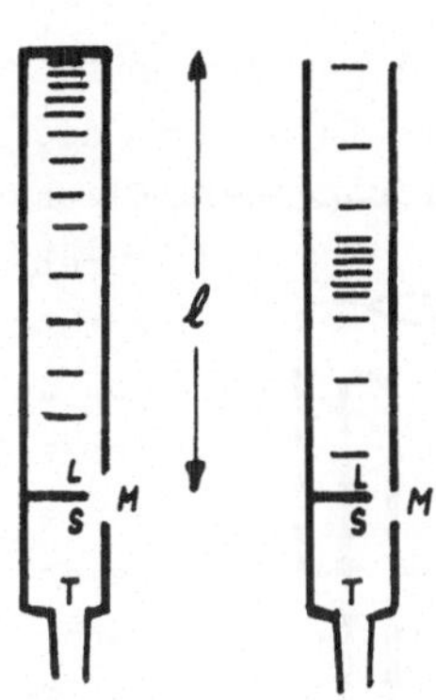

Bild 28: Luftdruck-
verlauf in einer
offenen und gedack-
ten Lippenpfeife

Sind l die Länge der offenen Pfeife, p_0 und ϱ mittlerer
Druck bzw. mittlere Dichte der Luft und γ das Verhältnis der
spezifischen Wärmen (s. Abschnitt 1.2), so ergibt sich die
Frequenz des Grundtones zu

$$f_0 = \frac{1}{2l} \sqrt{\frac{\gamma p_0}{\varrho}} = \frac{c}{\lambda} \tag{5.4}$$

Offene Pfeifen können die ganze Skala der harmonischen Obertöne erzeugen, gedackte nur die ungeradzahligen. Daher klingen offene Pfeifen voller, gedackte Pfeifen dunkler. Durch
Überblasen schwingt die Pfeife auf einer Oberwelle, die
Grundfrequenz wird unterdrückt.

Die Flöte ist eine offene Lippenpfeife, bei der die Kante
des Mundloches als "Lippe" wirkt. Durch Öffnen und Schließen
von Finger- und Klappenlöchern wird die wirksame Resonanzlänge und damit die Tonhöhe verändert. Die obere Hälfte des

Tonumfanges wird durch gleichzeitiges geeignetes "Überblasen" hervorgebracht, bei dem die Grundtöne unterdrückt und
nur die Obertöne hörbar werden. Eine besondere Flöte ist die
Piccoloflöte. Sie ist nur halb so lang wie die "normale" Flöte und daher in allen Lagen eine Oktave höher.

Bei den Zungenpfeifen wird die im Rohr der Pfeife befindliche Luft durch die Schwingungen einer vor der Luftaustritts-
öffnung befindlichen Zunge erregt. Ihre Schwingungszahl ist

durch ihre Elastizität und Masse bestimmt. Es
entstehen dabei sehr viele harmonische Obertöne,
von denen jedoch nur diejenigen eine nennens-
werte Amplitude bekommen können, deren Frequenzen mit den Resonanzfrequenzen der im Rohr eingeschlossenen Luft übereinstimmen. Die Klangfarbe hängt in starkem Maße von der Form und
dem Werkstoff der Zunge und des Ansatzrohres

Bild 29:   sowie von der Art der Pfeife ab. Der Grundton
Zungenpfeife ist meist wegen der Enge des Pfeifenrohres nicht
anblasbar.

Zu den Zungenpfeifen gehören Klarinette, Fagott und Oboe,
welche eine echte Zunge benötigen. Bei den Hörnern und Trom-
peten wird die Zunge durch die Lippen des Bläsers gebildet
und ersetzt. Bei der Posaune wird die Tonhöhe durch Verändern der Resonanzlänge eingestellt, indem ein ausziehbares
Rohr mehr oder weniger tief in die Führung geschoben wird.

Beispiel 5:

Eine offene Pfeife von 1 m Länge wird angeblasen. Wie groß
ist die Frequenz des Grundtones, wenn p_0 = 1,013 bar, bei
20°C ϱ = 1,205·10^{-3} g/cm^3 und γ = 1,41 beträgt ?

Lösung:

$$f_0 = \frac{1}{2\,l}\sqrt{\frac{p_0\,\gamma}{\varrho}} = \frac{1}{200\ \text{cm}}\sqrt{\frac{1,013\cdot10^6\ \text{g}\ \text{cm}^{-1}\text{s}^{-2}\cdot1,41}{1,205\cdot10^{-3}\ \text{g/cm}^3}} = 172,25\ \text{Hz}$$

5.4 Elektrische Schallsender

Schallschwingungen können auf die verschiedensten Arten erzeugt werden. Weit verbreitet ist die Erregung der Luft durch die periodische Bewegung einer Membran infolge magnetischen, dynamischen oder elektrostatischen Antriebs. Auch mechanische Deformationen durch den Einfluß elektrischer Wechselfelder auf Kristalle (piezoelektrischer Effekt) oder magnetischer Felder auf ferro-magnetische Materialien (Magnetostriktion) können für den Membranantrieb verwendet werden. Wichtig ist in jedem Fall die Ausführung der strahlenden Membran, da über sie ja die Wechselleistung in Form von Schall abgestrahlt werden muß.

5.4.1 Die Kolbenmembran

Falls eine Membran große Leistungen abzugeben hat und daher große Luftmassen zu bewegen hat, besteht die Gefahr von Verzerrungen infolge mechanischer Durchbiegungen und Verformungen. Es sind daher besondere Maßnahmen bei der Formgestaltung für Lautsprechermembranen erforderlich.

Der Schallsender, bei dem sich diese Maßnahmen am einfachsten überblicken lassen, ist die atmende Kugel, bei der alle Oberflächenelemente sich gleichzeitig, d. h. konphas nach außen oder innen bewegen. Bei ihm sind daher keine Knotenlinien vorhanden. Einen derartigen Lautsprecher nennt man einen Strahler 0. Ordnung. Da ein solcher Strahler nicht zu verwirklichen ist, behilft man sich mit einer starren Fläche, der Kolbenmembran, die in Richtung ihrer Achse schwingt, ohne sich zu verformen. Dabei entsteht auf der einen Seite ein Überdruck, auf der anderen ein Unter-

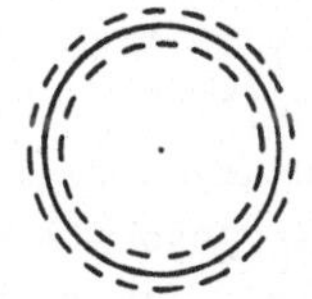

Bild 30: Strahler 0. und 1. Ordnung

druck. Am Rand der Membran findet Druckausgleich statt,
durch den alle Frequenzen, deren Wellenlängen größer als der
Membranhalbmesser sind, nicht abgestrahlt werden können. Die
im Raum frei schwingende Kolbenmembran gleicht einer Kugel,
deren beide durch einen Knotenkreis getrennte Hälften in
entgegengesetzter Richtung schwingen. Eine derartige, um ihre Gleichgewichtslage pendelnde Kugel nennt man einen Strahler 1. Ordnung.

Allgemein bezeichnet die Ordnungszahl die Anzahl der auf einem Strahler auftretenden Knotenlinien, auf denen das Ober-
flächenelement in Ruhe bleibt, und die die Flächenteile mit
unterschiedlicher Schwingungsphase von einander trennen.
Unter sonst gleichen Bedingungen strahlen Strahler höherer
Ordnung aus diesem Grunde weniger Energie ab als Strahler
niederer Ordnung.

Ein Strahler 1. Ordnung kann näherungsweise zu einem Strahler 0. Ordnung gemacht werden, indem man ihn an einer hinreichend großen Schallwand befestigt, die zwar selbst nicht
mitschwingt, aber einen Druckausgleich verhindert.

5.4.2 Leistungsumsatz

Beim elektrodynamischen Schallsender wird die Membran durch
die Auslenkung einer im Magnetfeld befindlichen stromdurch-
flossenen Spule angetrieben. Die bei der Membranbewegung induzierten Gegenspannungen sind nach dem Induktionsgesetz
verhältnisgleich der Geschwindigkeit dx/dt. Wirkt auf die
Schwingspule mit dem Widerstand R und der Selbstinduktion L
eine EMK mit dem Augenblickswert e ein, die einen Strom vom
Zeitwert i hervorruft, so gilt

$$e = R\,i + L\,\frac{di}{dt} + M\,\frac{dx}{dt} \tag{5.5}$$

Dabei gibt der elektromechanische Kopplungsfaktor oder

Kraftfaktor

$$M = \frac{F}{i} = w \frac{d\Phi}{dx} \tag{5.6}$$

an, welche Antriebskraft von der Einheit des steuernden Stromes i erzeugt wird, bzw. welche Spulenflußänderung $w \cdot d\Phi$ auf die Einheit der Spulenauslenkung dx entfällt. $M \cdot dx/dt$ als Gegen-EMK gibt die Rückwirkung des mechanischen Widerstandes auf den elektrischen Stromkreis an.

Im homogenen Feld bleibt der Kraftfaktor konstant. Erweitert man beide Seiten der Gleichung (5.5) mit $i \cdot dt$,

$$e \, i \, dt = R \, i^2 \, dt + d(\tfrac{1}{2} L \, i^2) + M \, i \, dx \tag{5.7}$$

so erhält man auf der linken Seite die während des Zeitelementes dt gelieferte Arbeit, während auf der rechten Seite der erste Summand die entstandene Wärme und der zweite die magnetische Energie darstellt. Der dritte Summand ist die an die Membran abgegebene mechanische Arbeit, also die Nutzenergie. Die auf die Membran ausgeübte Kraft ist nach Gleichung (5.6)

$$F = M \, i \, . \tag{5.8}$$

Sie ruft einen Bewegungszustand hervor, der durch die mechanischen Eigenschaften der Membran und die der umgebenden Luft bestimmt ist.

<u>Im Vakuum</u> würde die Antriebskraft der Membran mit der Masse m

$$F_V = m \frac{d^2x}{dt^2} + r \frac{dx}{dt} + s \, x \, . \tag{5.9}$$

Dabei stellt der Widerstandskoeffizient r ein Maß für die Dämpfung der Bewegung, die Steife s einen von der Membraneinspannung abhängigen Koeffizienten, d.h. $s \cdot x$ die mit der Auslenkung wachsende Rückstellkraft der Membran dar.

Da die Membran sinusförmig mit der Kreisfrequenz ω und der Amplitude $\hat{x}$ schwingt, ändert sich die Geschwindigkeit

$$\underline{v} = \frac{dx}{dt} = \frac{d(\hat{x}\,e^{j\omega t})}{dt} = j\omega x\,e^{j\omega t} \tag{5.10}$$

Für die Beschleunigung gilt jetzt

$$\underline{a} = \frac{dv}{dt} = \frac{d^2x}{dt^2} = j\omega\,\underline{v} = -\omega^2\hat{x}\,e^{j\omega t} \tag{5.11}$$

In Luft haben die Luftteilchen an der Membranoberfläche die Geschwindigkeit

$$\underline{v} = j\omega\,\hat{x}\,e^{j\omega t} = \hat{v}\,e^{j(\omega t + \frac{\pi}{2})} \tag{5.12}$$

Ist $\hat{p}\cdot e^{j\omega t}$ der sinusförmig verlaufende Druck der Luftteilchen auf die Einheit der Membranfläche A, dann gilt für den auf die Fläche wirkenden Gesamtdruck

$$A\,\underline{p} = \underline{Z}\,\underline{v} \tag{5.13}$$

Dabei gilt analog zur Gleichung (1.27)

$$\underline{Z} = \frac{A\,\underline{p}}{\underline{v}} = Z_1 + j\,Z_2 \tag{5.14}$$

für den komplexen Strahlungswiderstand der Membran. Er gibt das Verhältnis des Druckes zur Teilchengeschwindigkeit an und besteht aus einem Wirk- und einem Blindanteil. Führt man in Gleichung (5.9) die vektorielle Schreibweise ein, so gilt zwischen der sich sinusförmig ändernden Antriebskraft und der Membrangeschwindigkeit im Vakuum die Beziehung

$$\underline{F}_V = \underline{v}\left(j\omega m + r + \frac{s}{j\omega}\right) = \underline{v}\left[r + j\left(m\omega - \frac{s}{\omega}\right)\right] \tag{5.15}$$

Bei Bewegung der Membran in Luft kommt der komplexe Strahlungswiderstand hinzu

$$\underline{F} = \underline{v}\left[r + Z_1 + j\left(Z_2 + m\omega - \frac{s}{\omega}\right)\right] \tag{5.16}$$

Ein Vergleich zwischen den mechanischen und elektrischen
Größen ergibt folgendes: Die Masse m entspricht der Selbstinduktion L, die Steife s dem Kehrwert der Kapazität 1/C,
der Reibungswiderstand r entspricht dem elektrischen Widerstand R, die Antriebskraft F der EMK, die Geschwindigkeit v
der Stromstärke i und somit der Klammerausdruck dem komplexen Widerstand eines elektrischen Schwingkreises oder einer
Antenne. Hier entfällt ebenso wie beim
Schallstrahler je ein Teil des Wirk- und
Blindwiderstandes auf die Bestandteile
des Kreises und auf die Strahlung. Die
Trägheit der mitschwingenden Luftmasse
erhöht die Blindleistung.

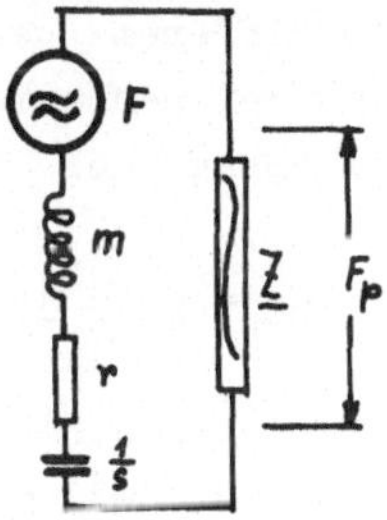

Für die Nutzleistung gilt

$$P_2 = \frac{1}{2} \hat{v}^2 \, Z_1 = v^2 \, Z_1 \qquad\qquad (5.17)$$

Bild 31: Ersatz-
schaltung eines
Lautsprechers

wobei Z_1 den eigentlichen Strahlungswiderstand darstellt. Der elektrische Strom, dessen magnetisches Feld die Membran antreibt, hat ebenfalls sinusförmigen
Verlauf. Nach Gleichung (5.5) und (5.16) ergibt sich

$$\underline{E_0} = (R + j\omega L)\,\underline{I} + \frac{M^2 \, \underline{I}}{r + Z_1 + j\,(Z_2 + m\omega - s/\omega)} \qquad (5.18)$$

Hieraus errechnet sich der elektrische Widerstandsoperator
des Schallstrahlers

$$(5.19)$$

$$\underline{R_g} = \frac{\underline{E_0}}{\underline{I}} = R_g \cdot e^{j\varphi_g} = R + j\omega L + \frac{M^2}{r + Z_1 + j(Z_2 + m\omega - s/\omega)}$$

<u>5.4.3   Elektroakustischer Wirkungsgrad</u>

Wie bei einem Übertrager wirkt der Widerstand des mechanischen Sekundärkreises im elektroakustischen Energiewandler
mit dem Quadrat des Kopplungsfaktors zurück auf den elektri-

schen Primärkreis (s. Gleichung (5.19)); wie beim Motor verhalten sich mechanischer und elektrischer Widerstand reziprok zueinander.

Bei festgehaltener Membran ($Z = \infty$) ist nach (5.19)

$$\underline{R}_f = R + j\omega L \qquad (5.20)$$

Die Differenz beider Widerstandsoperatoren führt zur Bestimmung der mechanischen Leistung und des elektromechanischen Wirkungsgrades. Der motorische Widerstand ist

$$\underline{R}_m = \underline{R}_g - \underline{R}_f = \frac{M^2}{r + Z_1 + j\,(Z_2 + m\omega - s/\omega)} \qquad (5.21)$$

Beim Betrieb eines Schallsenders, dessen Treibspule vom Wechselstrom I durchflossen wird, ist die mechanische Wirkleistung gleich dem Realteil von $I^2\,\underline{R}_m$.

$$P_m = \frac{I^2\,M^2\,(r + Z_1)}{(r + Z_1)^2 + (Z_2 + m\omega - s/\omega)^2} \qquad (5.22)$$

Entsprechendes gilt für die elektrische Wirkleistung mit R als Ohmschem Widerstand

$$P_e = I^2 \left[\frac{M^2\,(r + Z_1)}{(r + Z_1)^2 + (Z_2 + m\omega - s/\omega)^2} + R \right] \qquad (5.23)$$

Durch Division erhält man den elektromechanischen oder motorischen Wirkungsgrad

$$\eta_m = \frac{P_m}{P_e} = \frac{r + Z_1}{r + Z_1 + R/M^2 \cdot [(r + Z_1)^2 + (Z_2 + m\omega - s/\omega)^2]} \qquad (5.24)$$

Die nutzbare abgestrahlte Schalleistung ist nach (1.28)

$$P_2 = \frac{1}{2}\,\hat{v}^2\,Z_1$$

Die gesamte mechanische Leistung ist gleich der akustischen vermehrt um die Verlustleistung am Membraneigenwiderstand r

$$P_1 = \frac{1}{2} \hat{v}^2 (Z_1 + r) \tag{5.25}$$

Somit wird der mechanisch-akustische Wirkungsgrad

$$\eta_a = \frac{P_2}{P_1} = \frac{Z_1}{Z_1 + r} \tag{5.26}$$

Der gesamte oder elektroakustische Wirkungsgrad eines Schallsenders ist gleich dem Produkt aus den beiden Wirkungsgraden

$$\eta = \eta_m \cdot \eta_a = \frac{Z_1}{r + Z_1 + R/M^2 \cdot [(r+Z_1)^2 + (Z_2 + m\omega - s/\omega)^2]} \tag{5.27}$$

5.4.4 Schmalbandstrahler

Der elektroakustische Wirkungsgrad erreicht seinen größten
Wert unter folgenden gleichzeitig zu erfüllenden Bedingungen:

1) Der Blindanteil des motorischen Widerstandes verschwindet.
Dies ist der Fall, wenn nach Gleichung (5,21) gesetzt wird

$$Z_2 = m\omega - s/\omega = 0.$$

Dieser Fall tritt bei Erregung in der mechanischen Eigenfrequenz der Membran ein

$$\omega = \omega_0 = \sqrt{\frac{s}{m}} \; . \tag{5.28}$$

Für die Frequenz ω_0 der mechanischen Resonanz geht (5.27)
über in

$$\eta = \bar{\eta} = \frac{Z_1}{r + Z_1 + R/M^2 \cdot (r + Z_1)^2} \tag{5.29}$$

2) Der Strahlungswiderstand muß seinen Optimalwert annehmen.
Für den Wirkanteil Z_1 des Strahlungswiderstandes in Gleichung
(5.14) findet man den Optimalwert in der Maximumbedingung

$$\frac{d\eta}{dZ_1} = \frac{r + Z_1 + \dfrac{R(r + Z_1)^2}{M^2} - Z_1\left[1 + \dfrac{2\,R}{M^2}(r + Z_1)\right]}{\left[r + Z_1 + \dfrac{R}{M^2}(r + Z_1)^2\right]^2} = 0$$

$$r + \frac{R}{M^2}(r + Z_1)^2 = 2\,Z_1\,\frac{R}{M^2}(r + Z_1)$$

$$Z_1 = r\sqrt{1 + \frac{M^2}{R\,r}} \qquad\qquad (5.30)$$

Die zweite Bedingung sagt also aus, daß der Wirkungsgrad
dann am größten ist, wenn der (äußere) Strahlungswiderstand
Z_1 aufgrund der Beziehung (5.30) den (inneren) Widerstands-
größen R und r sowie dem mechanischen Kopplungsfaktor M angepaßt ist. Nach (5.26) nimmt der akustische Wirkungsgrad
umso größere Werte an, je kleiner r gegen Z_1 ist; bei hinreichend kleinem r kann r gegenüber Z_1 vernachlässigt werden.
In diesem Fall wird

$$Z_1 \approx M\sqrt{\frac{r}{R}} \qquad\qquad (5.31)$$

5.5 Elektromagnetische Schallsender

In der Fernsprechtechnik wird fast ausschließlich der elektromagnetische Fernhörer als Schallsender benutzt. Vor den
mit einer Wicklung versehenen Polen ei-
nes Hufeisenmagneten liegt mit kleinem
Abstand eine Eisenmembran. Durch den
Spulenfluß wird der Dauerfluß des Magneten durch Überlagerung in seiner Stärke
verändert, dadurch ändert sich die An-
ziehungskraft auf die Membran. Bezeichnet man den vom Dauermagneten stammenden
Fluß im Luftspalt mit Φ_d und den Wech-
sel-Induktionsfluß mit $\Phi_\sim$, so ist die
Kraft, die auf die Membran ausgeübt

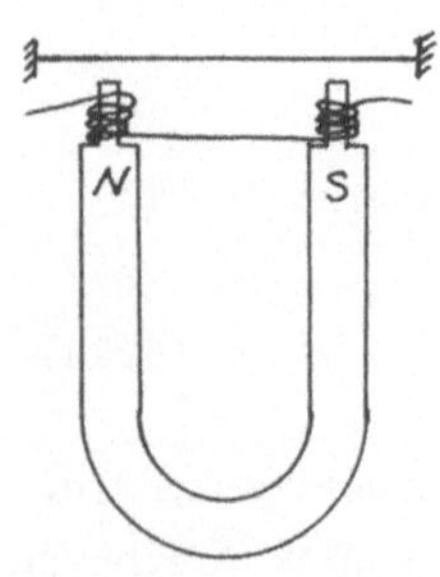

Bild 32: Elektro-
magnetischer Fern-
Hörer

wird, proportional dem Quadrat des Gesamtflusses

$$F \sim \phi_g^2 = (\phi_d + \phi_\sim)^2 = \phi_d^2 + 2\,\phi_d\,\phi_\sim + \phi_\sim^2 \qquad (5.32)$$

Dabei bedeutet der erste Summand eine Gleichkraft, die die
Membran durchbiegt und keinerlei Information überträgt; der
dritte Summand ist ein Kraftanteil mit der doppelten Frequenz, da

$$\hat{\phi}^2 \cdot \sin^2\omega t = \hat{\phi}^2(1 - \cos^2\omega t) = \hat{\phi}^2(\tfrac{1}{2} - \tfrac{1}{2}\cos 2\omega t) \qquad (5.33)$$

Für die Wiedergabe mit der Signalfrequenz ω ist nur das
zweite Glied maßgebend. Die Amplitude ist proportional dem
Produkt $\phi_d \cdot \phi_\sim$, d. h. der Stärke des Magneten und des Wechselflusses. Man ist demnach bestrebt, den Dauermagneten mög-
lichst stark zu machen, da der Wechselfluß wegen des dritten
Summanden klein bleiben sollte.

Die starke Rückstellkraft der ringsum fest eingespannten
Membran bewirkt eine verhältnismäßig hohe Lage der tiefsten
Eigenresonanzfrequenz. Da sie aus Empfindlichkeitsgründen
nicht außerhalb des Hörbereichs gelegt werden kann, sind
stets einige Resonanzstellen im Hörbereich vorhanden.

Auf gespannten Membranen bilden sich - besonders wenn sie
nicht zentral erregt werden - Knotenlinien, die unharmonisch
verteilte Eigenfrequenzen aufzeigen. Das Bild 33 gibt einige mögliche Schwingungsformen und die zugehörigen Frequenzen
der Oberschwingungen inbezug auf die Grundschwingung an.

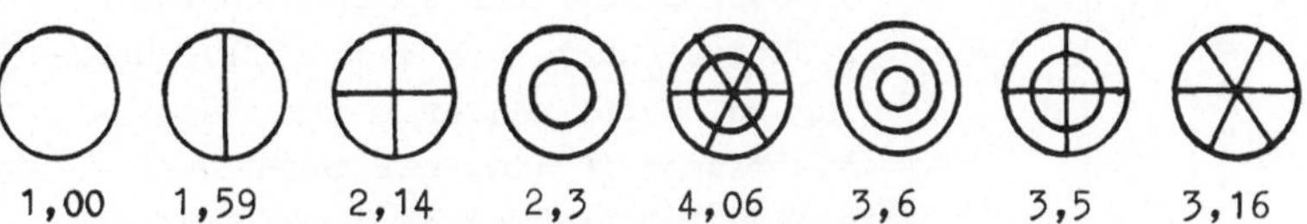

1,00   1,59   2,14   2,3   4,06   3,6   3,5   3,16

Bild 33: Knotenlinien von Fernhörermembranen
Die Zahlen geben relative Resonanzen an

Eine Weiterentwicklung des Telefonhörers, die die Nachteile
der eingespannten Membran vermeidet, ist der zweipolige

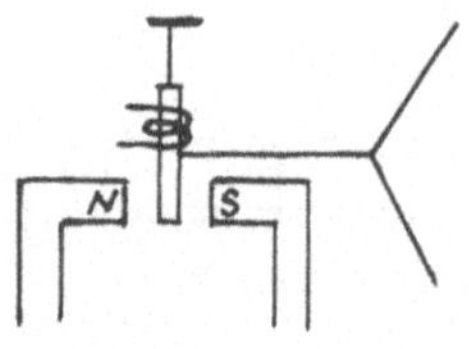

Lautsprecher, bei dem ein von einer
Blattfeder gehaltener Anker, der im
Takt des Wechselflusses magnetisiert
wird, zwischen den Polen eines Hufeisenmagneten schwingt. Zur Vergrößerung der abstrahlenden Fläche ist der
Anker mit einer Trichtermembran starr
gekoppelt, die zur Vermeidung großer
Massenträgheit aus Papierstoff besteht.

Bild 34:
2-poliger Lautspr.

Damit bei großen Schwingungsamplituden der Anker nicht gegen
die Magnetpole schlägt, werden diese mit dämpfenden Filz-
streifen beklebt und die dadurch hervorgerufenen Verzerrun-

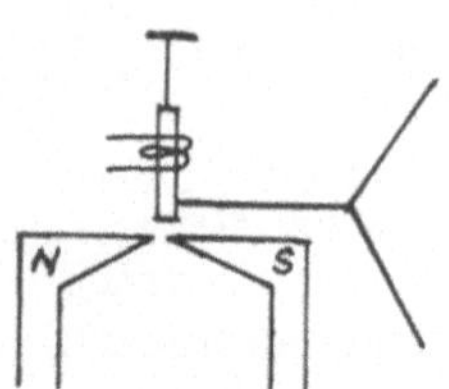

gen in Kauf genommen. Um auch diese
auszuschalten, verkürzt man beim elektromagnetischen Freischwinger den Anker, daß er nicht zwischen, sondern
vor den Magnetpolen schwingt. Durch
besondere Polschuhe wird dabei ein
starkes Streufeld erzeugt.

Bild 35:
Freischwinger

Der Nachteil der systembedingten Er-
zeugung der doppelten Frequenz führte zur Entwicklung des
vierpoligen Lautsprechers, bei dem der Anker derart drehbar
zwischen vier magnetischen Polen gelagert ist, daß im Ruhe-

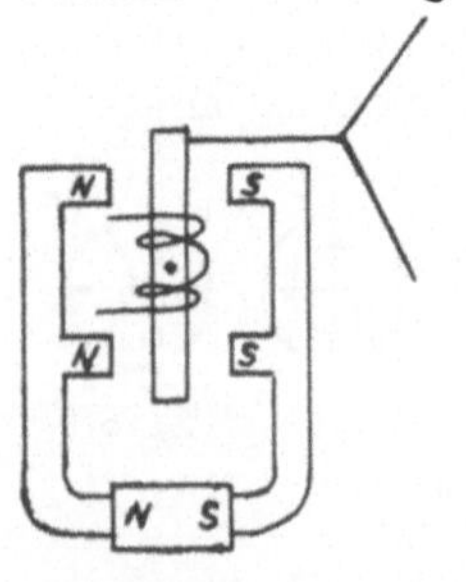

zustand keine Richtkraft und damit
auch keine Vorspannung auftritt. Es
entstehen vier Luftspalte, in denen
sich der Dauer- und Wechselfluß überlagern. Dabei addieren sich jeweils
die Flüsse in diagonal gegenüberliegenden Luftspalten in ihrer Wirkung.
Die Kraft, die auf den Anker wirkt,
setzt sich aus zwei einander entgegen
gerichteten Teilen zusammen.

Bild 36:
4-poliger Lautspr.

$$F \sim 2 \left(\tfrac{1}{2}\,\Phi_d + \tfrac{1}{2}\,\Phi_\sim\right)^2 - \left(\tfrac{1}{2}\,\Phi_d - \tfrac{1}{2}\,\Phi_\sim\right)^2 = 2\,\Phi_d\,\Phi_\sim. \qquad (5.34)$$

Man erhält also nur eine Kraft proportional der Stärke des Dauermagneten und des Wechselflusses der zu übertragenen Frequenz. Während mit dem zweipoligen Lautsprecher und seiner Verbesserung, dem Freischwinger, hochwertige Musikübertragung nicht möglich ist, erlaubt der vierpolige magnetische Lautsprecher auch HiFi-Übertragungen. Er wird jedoch seit der Erfindung des einfacheren dynamischen Lautsprechers nicht mehr eingesetzt.

5.6 Elektrodynamische Schallsender

Der dynamische Antrieb hat für den Lautsprecherbau deshalb eine so große Bedeutung erhalten, weil er die Verzerrungen vermeidet, die dem magnetischen System mit schwingendem Stahlanker anhaften.

Beim dynamischen System durchfließen die Sprechströme einen Leiter, der sich in einem innerhalb der Schwingungsweite homogenen magnetischen Feld befindet. Während also bei magnetischen Systemen Eisen durch veränderliche Magnetfelder angezogen werden, erfolgt der Antrieb beim dynamischen System nach dem Motorprinzip.

Die einfachste Bauform bildet der Bandlautsprecher mit einem leichten, querversteiften Aluminiumband als Leiter, der in einem starken Feld eines Dauermagneten schwingt und gleichzeitig als Schallstrahler wirkt.

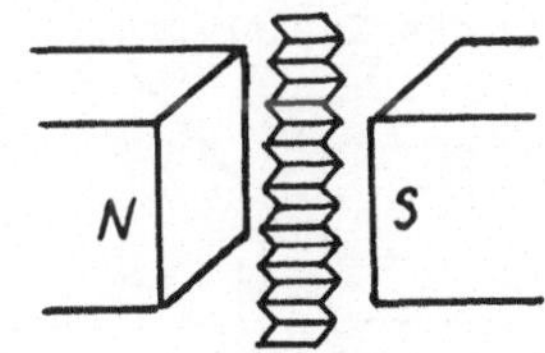

Bild 37: Bandlautspr.

Sind B die Luftspaltinduktion senkrecht zur Richtung des Bandes mit der Länge l und i die augenblickliche Stromstärke, so ist die Antriebskraft

$$F = B \, i \, l \qquad (5.35)$$

Im Zuge der Weiterentwicklung wurde zur Vergrößerung der
strahlenden Fläche und damit des Strahlungswiderstandes ein
gefaltetes Blatt an den Strahler geklebt. Dieser Faltlaut-
sprecher hat aber den Nachteil, daß die Schwingamplitude des
Strahlers mit wachsender Entfernung vom Kraftangriffspunkt
immer kleiner wird. Damit geht ein Teil der angestrebten
Wirkung wieder verloren und der Wirkungsgrad nimmt wieder ab.

Beim Blatthaller ist das Prinzip der als starre Fläche
schwingenden Kolbenmembran zum ersten Male verwirklicht worden. Der Stromleiter be-
steht aus einem starren
Kupferband, das mit der
Membran fest verbunden ist
und in den Luftspalt eines
Magneten taucht. Durch entsprechende Anordnung und
Verbindung der Leiterbahnen
entstehen zwei stromführen-
de Windungen. Der Blatthaller ist dazu bestimmt, sehr
große Schalleistungen abzu-
strahlen. Er kommt daher

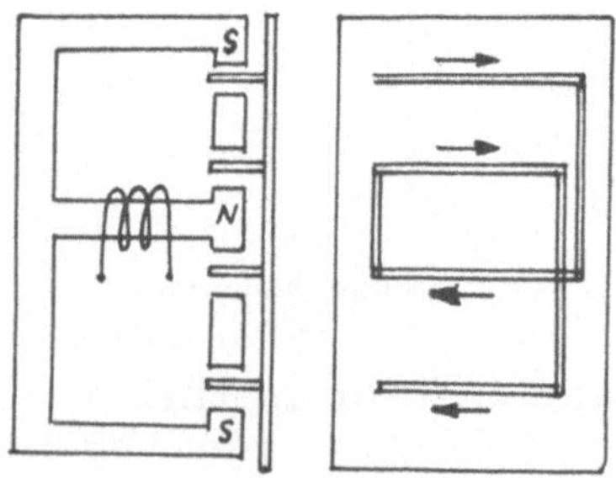

Bild 38: Blatthaller
links: Antriebssystem
rechts: Leiteranordnung

besonders für zentral betriebene Großübertragungsanlagen z.
B. in Kinos in Betracht.

Von den Kupferstreifen des Blatthallers bis zum Antrieb des
modernen dynamischen Lautsprechers war
es nur noch ein kleiner Schritt. Bei
einem dynamischen Lautsprecher besteht
die Kegelmembran aus gepreßtem Papierstoff, sie wird am Rande lose gehalten.
Der Stumpf des Kegels trägt die in den
ringförmigen Luftspalt eines Topfmagneten eintauchende Schwingspule. Sie
wird durch eine einstellbare Zentrier-
einrichtung gehalten, so daß ein

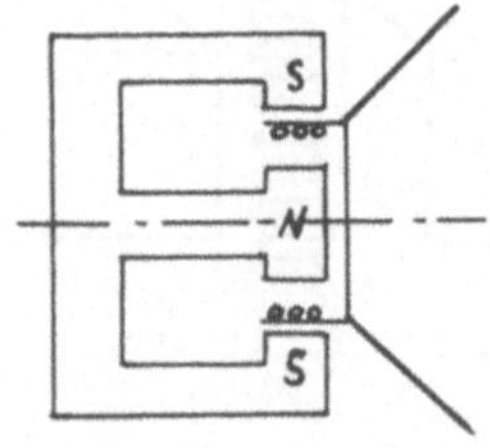

Bild 39:
Dynamischer Laut-
sprecher (Schnitt)

Streifen an den Polschuhen vermieden wird. Man unterscheidet zwei Ausführungen von dynamischen Lautsprechern: Den permanent-dynamischen Lautsprecher mit einem Dauermagneten und den elektro-dynamischen mit einem Weicheisenkern, der durch eine Gleichstrom führende Spule erregt wird. Letztere Ausführung spielte in den Anfängen der Entwicklung eine größere Rolle, da noch keine kräftigen und gleichzeitig billigen Dauermagnete hergestellt werden konnten und zweitens die Erregerwicklung des Magneten gleichzeitig als Siebdrossel des Netzgerätes verwendet werden konnte. Durch entsprechende Polung konnte ein etwa noch vorhandener Restbrumm kompensiert werden, man kam also mit kleineren Siebmitteln aus. Mit der Möglichkeit, billige und leistungsstarke Dauermagneten in Topfform herzustellen, übernahm der permanent-dynamische Lautsprecher den Platz des elektro-dynamischen, hauptsächlich deshalb, weil die beiden hohe Spannung und hohen Strom führenden Anschlußlitzen für den Magneten fortfielen.

Papierstoff und lose Halterung der Membran setzen die Trägheits- und Rückstellkräfte weitgehend herab. Der Schwingspulendurchmesser hat aus Gründen einer günstigen Gewichtsverteilung zwischen Spule und Membran eine Größe von 1/5 bis 1/8 des Membrandurchmessers. Der Öffnungswinkel des Papierkegels beträgt ca. 110° bis 130°. Zur Vermeidung von Biege- und Knickschwingungen, die sich bei stärkerer Beanspruchung von Kegelmembranen als Untertöne oder Subharmonische im unteren Frequenzbereich störend bemerkbar machen, wurde eine mechanisch festere gekrümmte Mantellinie entwickelt. Auch die zur federnden Halterung am Rand der Membran vorgesehenen Sicken sowie die Zentrierung können Störungen durch Resonanzen verursachen. Die nachteiligen Wirkungen auf den Frequenzgang der Membran können durch zusätzliche künstliche Dämpfung vermindert werden. Die Verlagerung der Eigenresonanz in Richtung tiefe Frequenzen wirkt der Eigenart des Ohres, tiefe Töne schlechter zu hören, entgegen. Die für die tiefe Membranabstimmung erwünschte Resonanzfrequenz ergibt sich

aus der schwingenden Gesamtmasse und der resultierenden
Steifigkeit der Membranhalterung. Da im interessierenden

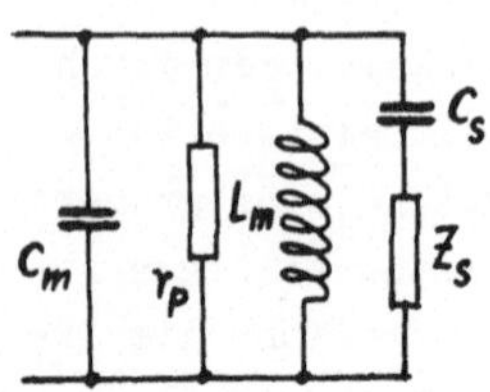

Bild 40: Ersatz-
schaltbild einer
Kegelmembran

Frequenzbereich die Membran als Ganzes schwingt, bei hinreichender Dämpfung also keine Resonanzen auftreten, kann eine vereinfachte Ersatzschaltung angegeben werden. Die resultierende Steife L_m und die Schwingmasse C_m bestimmen die Eigenfrequenz, die übrigen Glieder die Dämpfung der Membran. Damit läßt sich der Widerstandsoperator ausdrücken

$$\underline{Z}_m = \cfrac{1}{\cfrac{1 - \omega^2 L_m\, C_m}{j\,\omega\, L_m} + \cfrac{1}{r_p} + \cfrac{1}{Z_s + 1/(j\,\omega\, C_s)}} \qquad (5.36)$$

Die Kolbenmembran bewegt sich konphas nur in dem an die Resonanzfrequenz sich anschließenden Hauptschwingungsbereich.
Oberhalb der Anpassungs- oder Nennfrequenz entstehen durch
Abschnürung infolge Knotenbildung Ringzonenflächen, deren
Phasen bei der Eigenschwingung einem stärkeren Leistungsabfall begegnen.

Damit ein dynamischer Lautsprecher den gesamten hörbaren
Frequenzbereich ohne allzu große Bündelung bei höheren Frequenzen abstrahlen kann, wurden verschiedene Systeme entwickelt. Am einfachsten war es, in den Membrankegel einen
separaten Hochtonkegel mit einem Öffnungswinkel von 60° zu
setzen und ihn mit der Schwingspule fest zu verbinden. Durch
die 60° steilen Kegelflanken werden höhere Frequenzen diffuser abgestrahlt. Besser ist es jedoch, getrennte Systeme zur
Abstrahlung tiefer und hoher Frequenzen zu verwenden. Ist
nur wenig Platz vorhanden, so können die beiden Systeme konzentrisch angeordnet werden. Sie werden von je einer Treibspule angetrieben, die in verschiedenen konzentrischen Luftspalten des gleichen Topfmagneten schwingen.

Ist mehr Platz vorhanden, so empfiehlt es sich, getrennte Hoch- und Tieftonlautsprecher zu verwenden. Dabei beträgt der Öffnungswinkel der Tieftonmembran ca. 120°, der der Hochtonmembran 60°. Die mechanische Entkopplung und der eigene Antrieb liefern die Möglichkeit, jedes System über eine elektrische Frequenzweiche unabhängig vom anderen in der erforderlichen Weise zu steuern und dadurch einen Ausgleich in der Wiedergabe des gesamten Frequenzgebietes auf elektrischem Wege zu erreichen. Die tiefe Membranabstimmung erfor-

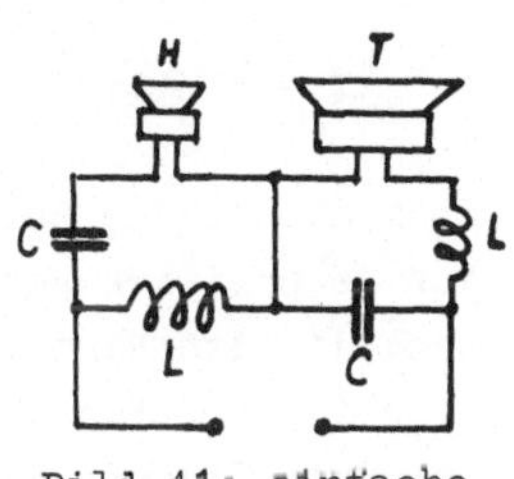

Bild 41: einfache Frequenzweiche

dert eine lose Halterung mit einem Mindestmaß von Rückstellkräften, also eine Trägheitshemmung. Die hohe Eigenfrequenz hingegen verlangt eine große Membransteifigkeit, d. h. eine elastische Hemmung. Diesen Anforderungen kann durch entsprechende Formgebung und Auslegung der Zentrierungen entsprochen werden.

5.7 Strahlergehäuse

Für die Schallabstrahlung einer freischwingenden Membran ist auch die Größe der Schallwand von Bedeutung; denn von ihr hängt es ab, bis zu welchem Grad ein Ausgleich der Druckunterschiede zwischen Vorder- und Rückseite der Membran stattfinden kann. Je größer der in Wellenlängen gemessene Weg von der Vorder- zur Rückseite ist, umso weniger wird die Schallabstrahlung beeinflußt. In den meisten Fällen kann der Strahler nicht hinter einer ausgedehnten Wand angebracht werden, sondern er wird in einem Gehäuse untergebracht. Dieses dient dem gleichen akustischen Zweck, nämlich den Druckausgleich zu verhindern, ohne das Klangbild durch Eigenresonanzen zu verfälschen. Eine derartige Forderung wird jedoch nur selten erfüllt, da das Innere eines Gehäuses meist ein mehr oder

weniger geschlossenes Gebilde mit ausgeprägten Resonanzerscheinungen darstellt: Es ist ein Hohlraumresonator.
Für eine rechteckige Kastenform mit den Kantenlängen l_1 und
l_2 und l_3 ergeben sich folgende mögliche Resonanzfrequenzen:

$$f = \frac{c}{2} \sqrt{(\frac{n_1}{l_1})^2 + (\frac{n_2}{l_2})^2 + (\frac{n_3}{l_3})^2} \qquad (5.37)$$

Hierbei sind c die Schallgeschwindigkeit und n_1, n_2 und n_3
beliebige positive ganze Zahlen. Es bilden sich stehende
Wellen, die den Raum in $n_1 \cdot n_2 \cdot n_3$ Elementarzellen unterteilen.
Ist $l_1 > l_2 > l_3$, dann entsteht z. B. für $n_1 = 1$ und $n_2 = n_3 = 0$
als tiefste Eigenfrequenz $f_1 = c/(2\,l_1)$. Mit zunehmenden
Schwingungszahlen verschwinden die ausgeprägten Resonanzerscheinungen. Auch bei starker Dämpfung, z. B. durch schall-
schluckendes Material, oder bei durchlöcherter Rückwand verschwinden diese Erscheinungen.

Eine weitere Begleiterscheinung eines Lautsprechergehäuses
ist die durch die verschiedenen Querschnitte bedingte Geschwindigkeitstransformation für die Luftteilchen und die
damit verbundene Widerstandstransformation. Im gleichen Verhältnis, wie der durchströmte Querschnitt zunimmt, verringert sich die Teilchengeschwindigkeit v. Da die abgestrahlte
Leistung mit v^2 wächst, kommt diese Geschwindigkeitsänderung
einer Änderung des spezifischen Strahlungswiderstandes der
Fläche A auf den Wert

$$Z_0' = z_0' \left(\frac{A}{a}\right)^2 \qquad (5.38)$$

gleich, wenn z_0' der spezifische Strahlungswiderstand des
Querschnittes a ist. Sie ermöglicht es, den Trägheitswider-
stand der schwingenden Membran klein gegenüber dem Strahlungswiderstand zu halten und dadurch den Wirkungsgrad zu
steigern. Eine erhebliche Einschränkung der Anwendbarkeit
liegt darin, daß für eine frequenzunabhängige Transformation
die Abmessungen der Kammer klein sein müssen gegenüber der
kürzesten Wellenlänge, die abgestrahlt werden soll.

Ein "Gehäuse" besonderer Art ist der Exponentialtrichter.
Der günstige Verlauf des Strahlungswiderstandes bewirkt im
Bereich niederer Frequenzen eine Verbesserung des Wirkungsgrades einer Kolbenmembran, ohne daß deren Schwingungseigen-
schaften durch besondere Maßnahmen verändert zu werden brau-
chen. Bei tiefen Tönen und kleinen Werten von D/λ ist eine
Steigerung des Strahlungswiderstandes und dadurch der akustischen Leistung auf den hundertfachen Betrag möglich. Im
mittleren Tonbereich kann unter günstigen Verhältnissen der
Wirkungsgrad gegenüber einem Wandlautsprecher auf das zehnfache erhöht werden. Nachteilig sind dabei die für die Er-
reichung solcher Spitzenwerte wegen der tiefen Grenzfrequenz
enormen geometrischen Abmessungen, die das Anwendungsgebiet
des Exponentialtrichters nur auf stationäre Großanlagen be-
schränken.

Bei großen Membranauslenkungen können infolge starker Ein-
schnürung des Schallstromes am engen Trichtermund merkbare
nichtlineare Verzerrungen auftreten, wenn das Luftvolumen V
sehr hoch belastet wird. Ist p_0 der mittlere Luftdruck, p_x
der Schalldruck, $dV = V(\partial v_x/\partial x)dt$ die infolge Änderung der
Teilchengeschwindigkeit v_x in Richtung der Trichterachse
während des Zeitelementes dt eingetretene geringfügige Raum-
erweiterung, dann gilt die für die adiabatische Druckänderung
maßgebende Beziehung

$$(p_0 + p_x)V^{\gamma} = (p_0 + p_x + \frac{\partial p_x}{\partial t} dt)(V + dV)^{\gamma}$$

$$= (p_0 + p_x + \frac{\partial p_x}{\partial t} dt)\, V^{\gamma}(1 + \frac{\partial v_x}{\partial x} dt)^{\gamma}. \qquad (5.39)$$

Entwickelt man den Potenzausdruck auf der rechten Seite in
eine Reihe und bricht nach dem zweiten Glied ab, so ergibt
sich nach Zusammenfassung des Ausdrucks und Vernachlässigung
der Glieder höherer Ordnung die Kontinuitätsgleichung

$$\frac{\partial p_x}{\partial t} + \gamma p_0 \frac{\partial v_x}{\partial x} + \gamma p_x \frac{\partial v_x}{\partial x} = 0 \qquad (5.40)$$

In Normalfällen vernachlässigt man auch das dritte Glied.
Dieses ist aber bei den hier angenommenen Verhältnissen so
groß, daß es noch berücksichtigt werden muß. Gleichung (5.40)
gibt den bei hohen Belastungen nicht mehr linearen Zusammenhang zwischen der Schnelle und dem sie erzeugenden Schalldruck an. So kann bei sinusförmigem Verlauf des Druckes
$p_x = \hat{p}_x \sin\omega(t - x/c)$ zur Darstellung der Schnelle
$dv_x = dp_x/Z_0$ näherungsweise gesetzt werden

$$dv_x = -\frac{\omega}{\gamma p_0}\,\hat{p}_x\,\cos\omega(t-\tfrac{x}{c})dt + \frac{\omega}{p_0 c Z_0}\,\hat{p}_x^2\,\sin\omega(t-\tfrac{x}{c})\cos\omega(t-\tfrac{x}{c})dx;$$

diese Gleichung geht mit $cZ_0 = \gamma p_0$ und
$$\sin\omega(t-x/c)\cdot\cos\omega(t-x/c)dx = (1/2)\,\sin 2\omega(t-x/c)dx$$
nach Ausführung der Integration (ohne die hier belanglose
Konstante) über in

$$v_x = \frac{\hat{p}_x}{Z_0}\,\sin\omega(t-\tfrac{x}{c}) + \frac{\hat{p}_x^2}{4p_0 Z_0}\,\cos 2\omega(t-\tfrac{x}{c}). \tag{5.41}$$

Aus der hier durch starke Luftbelastung entstandenen 2. Harmonischen und der dem Schallsender zugeführten Grundschwingung ergibt sich als Klirrfaktor

$$k = \frac{\hat{p}_x}{4p_0}\;; \tag{5.42}$$

nach Einführung der Schallstärke

$$J_x = \frac{\hat{p}_x^2}{2Z_0} = \frac{\hat{p}_x^2}{2\,c} = \frac{\hat{p}_x^2\,c}{2\gamma p_0} \quad \text{wird } k = \sqrt{\frac{\hat{p}_x^2}{16 p_0^2}} = \sqrt{\frac{\gamma J_x}{8 c p_0}} \tag{5.43}$$

5.8. Statische Lautsprecher

Der statische Lautsprecher oder Kondensatorlautsprecher
stellt einen Kondensator mit einer festen Elektrode und einer Membran als beweglicher Elektrode dar. Zwischen beiden
liegt eine Gleichspannung E_0, die groß ist gegen den Höchst-

wert der über eine Drossel zugeführten Steuerspannung u.
Da die Kraft zwischen den Membranen proportional dem Quadrat
der Spannung ist, herrschen hier die glei-
chen Verhältnisse wie beim magnetischen
Lautsprecher, d. h. auch hier entstehen
neben einem Kraftanteil mit der Steuer-
frequenz auch je ein Anteil mit der Frequenz O und mit der doppelten Frequenz.
Um letzteren klein zu halten, muß die
Spannung E_O, die Polarisierungsspannung,
möglichst groß gewählt werden.
Kondensatorlautsprecher eignen sich wegen der geringen bewegten Masse und des
geringen Hubes vorwiegend als Hochton-
Lautsprecher.

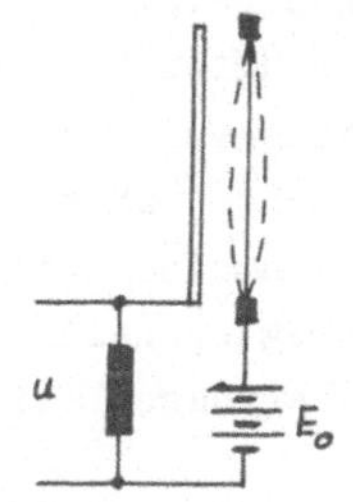

Bild 42: Stati-
scher oder Kon-
densatorlautspr.

5.9 Piezo-elektrischer Lautsprecher

Der piezo-elektrische Lautsprecher stellt eine Anwendung eines schwingenden Kristalls dar. Nach dem piezo-elektrischen
Effekt werden zwei Kristallplatten, die zwischen Metallelek-
troden liegen, durch elektri-
sche Wechselfelder zum
Schwingen angeregt. Als Material wird meist Seignette-
salz verwendet, das einen
etwa 1000-fach stärkeren
Effekt zeigt als Quarz.
Werden diese Kristalle senkrecht zur elektrischen x-Ach-

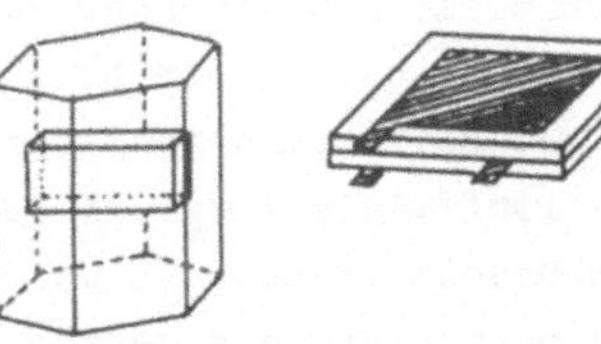

Bild 43: piezoelektrischer
Kristall und Lautsprecher-
Antrieb mit Anschlüssen

se oder neutralen y-Achse des Kristallgitters einem elektrischen Feld ausgesetzt, so werden die im Kristallgitter ver-
ankerten Ionen durch die elektrischen Anziehungskräfte bewegt und somit das Gitter ein wenig verformt. Dadurch gerät
der Kristall in Schwingungen, die zur Schallabstrahlung ge-

nutzt werden können. Dieser Effekt tritt in der optischen
z-Achse nicht auf.

Das Feld, in dem die beiden Kristallplättchen mit zwischen-
gefügter Mittenelektrode liegen, ist so gerichtet, daß beim
Anlegen einer Spannung sich das eine Plättchen zusammen-
zieht, während sich das andere ausdehnt. Da beide Plättchen
mechanisch miteinander verbunden sind, entsteht eine Durch-
biegung beider Kristalle, die auf eine Lautsprechermembran
übertragen werden kann.

Je nachdem, ob das Feld in x- oder y-Richtung angelegt wird,
erhält man zwei verschiedene Resonanzfrequenzen, eine
Dicken- und eine Längsschwingungsresonanz

$$f_d = \frac{1}{2\,d}\sqrt{\frac{E_x}{\rho}} \quad ; \quad f_1 = \frac{1}{2\,1}\sqrt{\frac{E_y}{\rho}} \tag{5.44}$$

Dabei sind E_x und E_y die Elastizitätsmoduln in diesen Richtungen und ρ die Dichte des Kristalles.

5.10 Membranlose Schallsender

Membranlose Schallsender nutzen den Thermoeffekt zur Schallerzeugung aus. Dieser beruht darauf, daß der vom tonfrequen-
ten Wechselstrom durchflossene Leiter Temperaturschwankungen
hervorruft, die aufgrund der Gasgesetze im umgebenden Luft-
raum Druckschwankungen und damit Schall erzeugen. Zur Vermeidung von Frequenzverdopplung muß der Wechselstrom von einem hinreichend starken Gleichstrom überlagert sein. Wegen
des geringen elektroakustischen Wirkungsgrades werden ther-
mische Schallsender heute nicht mehr benutzt.

Interessant ist jedoch der tönende Lichtbogen, bei dem neben
dem Thermoeffekt auch noch elektrostatische Kräfte auf die
Gasionen einwirken. Wegen seiner negativen differentiellen
Kennlinie kann der Lichtbogen auch verstärken.

6 Schallempfänger

Schallempfänger dienen dazu, Schallenergie in elektrische
Energie umzuwandeln. Zu ihnen gehören neben Beschleunigungs-
aufnehmern in erster Linie die sogenannten Mikrofone. Nach
der physikalischen Wirkungsweise können folgende Arten von
Schallempfängern unterschieden werden: Kontaktmikrofone,
dynamische Mikrofone, magnetische Mikrofone, Kondensator-
oder statische Mikrofone sowie einige für die praktische Anwendung weniger interessante Arten.

Ein Schallempfänger soll dem Schallfeld akustische Energie
entziehen und in elektrische umformen, also eine dem Lautsprecher entgegengesetzte Aufgabe erfüllen. Aber im Gegensatz zum Schallsender darf seine Membran nur kleine Abmessungen haben, die nur bei höheren Frequenzen in die Größenordnung der auftreffenden Schallwellenlänge fallen, um nen-
nenswerte Störungen des Schallfeldes zu vermeiden. Durch die
Anwesenheit des Empfängers bildet sich im ursprünglichen
"primären" Schallfeld ein "sekundäres" Beugungsschallfeld,
das sich dem ersten überlagert, wenn die Membran feststehen
würde. Da die Membran aber schwingt, wird das Mikrofon zu
einem Sender, dessen "Sekundärfeld" das primäre stört. Wie
beim Schallsender sind auch hier der Strahlungswiderstand und die mitschwingende Mediummasse zu berücksichtigen. Das Beugungsschallfeld kann vernachlässigt werden, solange der Membrandurchmesser klein gegenüber der Wellenlänge ist. Entsprechend den
Betrachtungen des Schallsenders können
hier die gleichen Bezeichnungen eingeführt
werden, die jetzt allerdings für den umge-
kehrten Vorgang gelten. Ist p der Schalldruck der fortschreitenden Welle, v die
Membrangeschwindigkeit, $\underline{Z} = Z_1 + jZ_2$ der
komplexe Strahlungswiderstand, A die Membranfläche, m die
Masse, s die Steifigkeit und r der Reibungswiderstand, dann

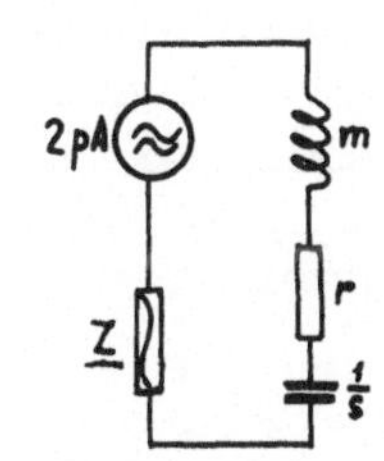

Bild 44:
Ersatzschaltung
eines Schall-
empfängers

besteht zwischen der Membranbewegung und dem Schalldruck die
Beziehung

$$\underline{v} = \frac{2\,p\,A\,\cos\alpha}{r + Z_1 + j(Z_2 + m\omega - s/\omega)} \tag{6.1}$$

Der doppelte Schalldruck (2p) kommt durch den Druckstau zustande, der sich aus der Überlagerung der anlaufenden und
der zurücklaufenden Welle ergibt, wenn deren Wellenlänge von
der Größenordnung des Membrandurchmessers ist. Längere
Schallwellen werden ohne nennenswerten Druckstau um das Mikrofon herumgebeugt, auch bei schrägem Einfall erreicht der
Schalldruck nicht den doppelten Wert. In der Formel ist die
Rückwirkung des elektrischen Kreises auf den akustischen
vernachlässigt worden.

6.1 Kontaktmikrofon

Das Kontaktmikrofon, auch Kohlemikrofon genannt, stellt einen von Gleichstrom durchflossenen veränderbaren Widerstand
dar, dessen Ruhewert abhängig ist von den Betriebszuständen
des Mikrofons in der Vergangenheit und von der augenblick-
lichen Lage. Das bedeutet, daß der Widerstandswert dieses
Mikrofontyps nicht reproduzierbar ist. In den meisten Fällen
wird Kohlegrieß, der aus gepulverter Kohle und Teer zusam-
mengesintert ist, als Widerstandsstoff verwendet. Die Korn-
größe liegt zwischen 0,1 und 1 mm ⌀. Der Kohlegrieß befindet sich zwischen einem leitenden Gehäuse und einer
unter dem Einfluß der Schall- wellen schwingenden Membran
als beweglicher Elektrode. Der Ruhewiderstand des Kohle-
mikrofons schwankt je nach Ausführung und Verwendungs-

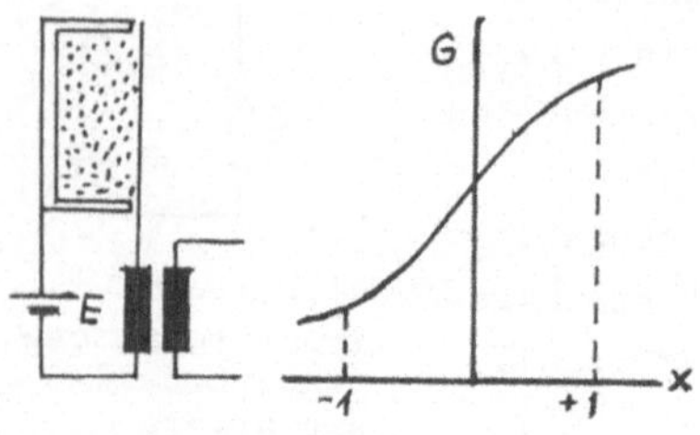

Bild 45: Kohlemikrofon und
         Leitwertkennlinie

zweck bei normaler Lage zwischen 30 Ω und 500 Ω. Dem Ruhestrom, der durch den Kreiswiderstand und die Betriebsspannung E bestimmt wird, überlagert sich bei Beschallung ein
entsprechender Wechselstrom. Die Wechselkomponente kann mittels eines Übertragers als Sprechwechselstrom ausgekoppelt
werden.

Da die Mikrofonkennlinie selbst bei kleiner Membranauslenkung nur angenähert linear verläuft, weicht auch die Form
des Sprechwechselstromes von der Idealform ab. Da sich zwischen $-1 < x < +1$ die Kennlinie nur schwach krümmt, kann der
Leitwert durch folgende Näherungsgleichung dargestellt werden

$$G = k_0 - k_1 x + k_2 x^2 \mp \ldots \qquad (6.2)$$

Bei sinusförmiger Membranauslenkung $x = \hat{x} \sin \omega t$ und der Betriebsspannung E ist der Mikrofonstrom

$$i - E G = E(k_0 - k_1 \hat{x} \sin \omega t + k_2 \hat{x}^2 \sin^2 \omega t - \ldots)$$

$$i = E(k_0 + \frac{k_2 \hat{x}^2}{2}) - E(k_1 \hat{x} \sin \omega t + \frac{1}{2} k_2 \hat{x}^2 \cos 2\omega t) \qquad (6.3)$$

Das letzte Glied stellt die durch nicht-lineare Verzerrungen
entstandene 2. Harmonische dar; die Harmonischen höherer
Ordnung sind vernachlässigt worden. Ist a_1 die Spannung der
Grundschwingung und a_2 die der Harmonischen, so beträgt der
Klirrfaktor

$$k = \sqrt{\frac{a_2^2}{a_1^2 + a_2^2}} \qquad (6.4)$$

Das Kohlemikrofon hat einen verhältnismäßig großen Klirrfaktor; dennoch reicht die Wiedergabequalität für den Fern-
sprechverkehr aus, da die Silbenverständlichkeit (s. Kap.
2.4) durch Oberwellen nur wenig beeinträchtigt wird. Für Musikübertragungen jeglicher Art ist dieses Mikrofon aber unbrauchbar, da die Unsymmetrie zu groß ist.

Durch Anwendung des Gegentakt-Prinzips kann jedoch der Fehler der Unsymmetrie auf ein Minimum reduziert werden. Hierbei liegt die schwingende Elektrode beidseitig von Kohlegrieß umgeben zwischen zwei starren Außenelektroden. Die Ableitung des Sprechwechselstromes erfolgt jetzt über einen Differentialübertrager, während die Stromquelle an der Mittenelektrode liegt. Sind die beiden Leitwerte der Einzelsysteme nach links und rechts aufgetragen in Abhängigkeit von der Auslenkung x, dann ergibt sich als Gesamtleitwert

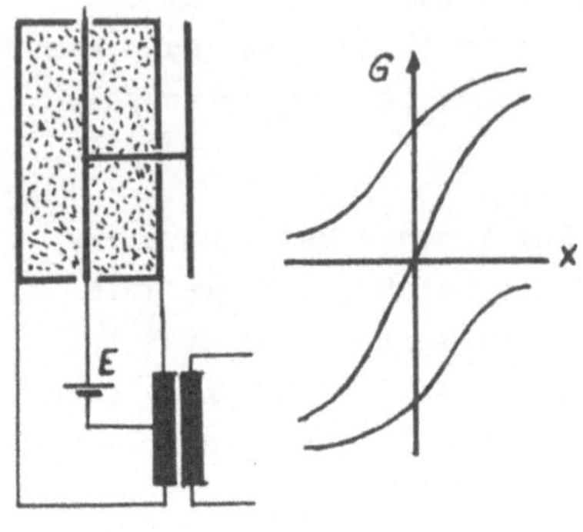

Bild 46: Gegentakt-Kohle-Mikrofon und Leitwertkennlinien

eine über einen großen Bereich lineare Kennlinie. Ein solches Mikrofon, das allerdings heute nicht mehr verwendet wird, ist auch für Musikübertragungen geeignet.

Die Empfindlichkeit, der Frequenzgang und das Rauschen eines Kohlemikrofones ist von der zufälligen Lage der Kohlegrießkörner (und der Betriebsspannung) abhängig. Wegen der unterschiedlichen Korngrößen bilden sich mehrere Resonanzstellen, die allerdings mehr oder weniger stark gedämpft sind. Alle Kontaktmikrofone weisen eine Reizschwelle auf, unterhalb derer das Mikrofon unwirksam bleibt. Sie läßt sich durch mechanische Erschütterungen, die ein Zusammenbacken der Kohlegrießkörnchen verhindern, erniedrigen. Da die Membran verhältnismäßig starr ist und meist nur von einer Seite beschallt wird, spricht das Kohlemikrofon nur auf den Schalldruck an: Es ist also ein Druckempfänger. Der Druck ist aber eine ungerichtete Größe, also spricht ein Kontaktmikrofon auf Schall aus jeder Richtung an, es hat eine Kugelcharakteristik.

6.2 Dynamische Schallempfänger

Der einfachste dynamische Empfänger, das Bändchenmikrofon,
ist die Umkehrung des Bandlautsprechers. Ein lose geriffel-
tes Aluminiumband von etwa 3 μm Dicke schwingt in einem homogenen Magnetfeld. Die Masse des durch
die Riffelung querversteiften Bandes
ist so gering, daß es den Bewegungen
der angrenzenden Luftteilchen bis zu
sehr hohen Frequenzen folgen kann. Es
ist daher ein Bewegungsempfänger und
daher richtungsempfindlich. Dabei ent-

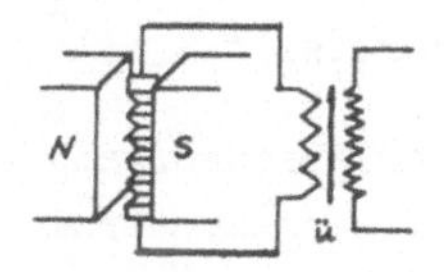

Bild 47:
Bändchenmikrofon

steht eine Spannung, die der Geschwindigkeit der Schallbewegung verhältnisgleich ist. Ist l die Länge des Bandes, x seine Auslenkung aus der Ruhelage und B die Luftspaltinduktion
senkrecht zur Bandrichtung, dann ergibt sich die im Band induzierte Spannung

$$e = |B| \; l \; \frac{dx}{dt} \, . \qquad\qquad (6.5)$$

Sie wird mit Hilfe eines Umspanners hochtransformiert. Dadurch wird auch gleichzeitig der niedrige Quellwiderstand
an den höheren Eingangswiderstand des Verbrauchers angepaßt,
so daß ein möglichst großer Teil der vom Band aufgenommenen
Leistung übertragen wird.

Bei Frequenzen über 10 kHz fällt die Wirksamkeit des Bänd-
chenmikrofons wegen der Trägheit des Bändchens und bei tiefen Frequenzen wegen der Schallbeugung um das Band herum
schnell ab. Bei Nichtlinearität des Magnetfeldes treten
nichtlineare Verzerrungen auf.

Das Tauchspulmikrofon beruht auf der Umkehrung des Prinzips
des dynamischen Lautsprechers. Die an der Membran befestig-
te Schwingspule taucht in den ringförmigen Luftspalt eines
Dauermagneten. In Anlehnung an die Lautsprechergleichung erhält man für die Antriebskraft

$$F = 2pA = v\left[r + Z_1 + j(Z_2 + m\omega - s/\omega) + \frac{(|B|\,l)^2}{R_i + R_a}\right], \qquad (6.6)$$

wobei das letzte Glied in der eckigen Klammer die Rückwirkung des elektromagnetischen Kreises mit dem Innen- und Außenwiderstand R_i bzw. R_a auf den akustischen der Membran
darstellt.

Der Frequenzgang eines einfachen Schwingsystems der gewöhnlichen Tauchspulenmembran hat die für die Wiedergabe ungünstige Form einer Resonanzkurve. Es sind daher besondere Maßnahmen mechanischer und elektrischer Art notwendig, die
Übertragungskurve einzuebnen. Dies kann z. B. durch Erhöhung
der Dämpfung auf Kosten der Empfindlichkeit oder durch Übergang zu einem Schwingsystem mit mehreren Freiheitsgraden

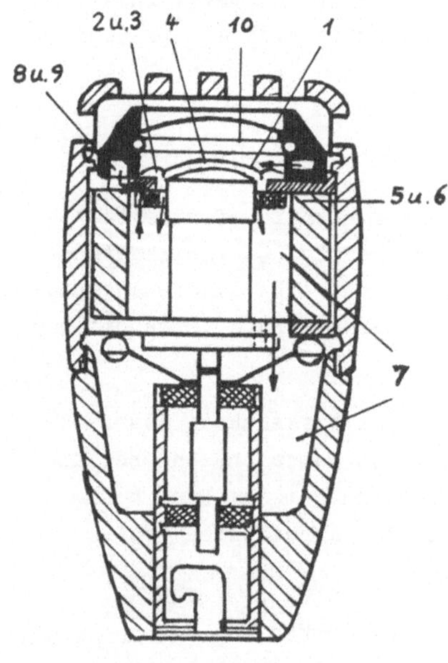

Bild 48: Tauchspulmikrofon

bzw. mehreren über den gesamten Frequenzbereich verteilten Resonanzen geschehen. Die Masse 1 der domartig gewölbten, mit ihrem
gewellten Band ringförmig
eingespannten Membran ist
mit einer freitragend gewickelten Tauchspule versehen. Die Eigenschwingung
wird bestimmt durch die
Steife und Dämpfung 2 und 3
der Membraneinspannung und
die Steife 4 des Luftpolsters unter der Membranwölbung. Von hier aus führen
enge Schlitze in den Raum
innerhalb des Topfmagneten,
der wieder mit einem Raum
im hinteren Mikrofongehäuse durch eine Öffnung in
Verbindung steht; die in

beiden miteinander verbundenen Kammern enthaltenen Luftmengen haben die gleiche Steife 7. Bei Beschallung erfährt die in den ersten Raum einströmende Luft infolge der Enge der Verbindungskanäle eine Geschwindigkeitstransformation, so daß die Schnelle der Luftteilchen erheblich zunimmt. Die von den Kanälen umschlossenen, unter innerer Reibung schwingenden Luftsäulen und die Raumanordnung stellen eine merkliche Masse und Dämpfung 5 und 6 dar, deren Größen durch entsprechende Formgebung beliebig gewählt werden können. Raum 7 ist über einen längeren Luftkanal um die Mem-

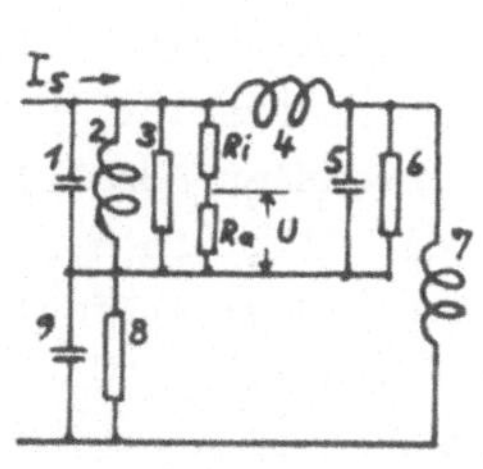

Bild 49: Elektrischer Ersatzkreis eines Tauchspulenmikrofons

bran herum wieder mit der Außenluft vor der Membran verbunden. Dieser Kanal, der die Dämpfung und Masse 8 und 9 verkürpert, dient dem statischen Druckausgleich und zugleich der Tiefenentzerrung.

Die akustische Wirkungsweise läßt sich veranschaulichen durch den mit gleichbedeutenden Ziffern bezeichneten elektrischen Ersatzkreis Bild 49, in dem ferner I_S den auf die Membran einwirkenden Schallfluß, R_i den Innen-, Ra den Außenwiderstand und U die an diesem anliegende Spannung darstellen.

Der Anstieg der Empfindlichkeit bei hohen Frequenzen und Beschallung von vorne ist auf den Druckanstieg infolge Druckstaues (2p) zurückzuführen, da bei den kurzen Wellenlängen und Schwingungszeiten eine Beugung um das Mikrofon herum - wie bei längeren Schallwellen - nicht mehr möglich ist. Aus diesem Grunde sollten alle Mikrofone mit Kugelcharakteristik möglichst geringe Abmessungen haben, damit sie auch bei kürzeren Wellenlängen das Schallfeld nicht merklich beeinflussen.

6.3 Kondensatormikrofone

6.3.1 Druckempfänger

Die einfachste Ausführung eines Kondensatormikrofons ist ein
Luftkondensator, bei dem der Elektrodenabstand durch den
wechselnden Schalldruck periodisch verändert wird. Eine Elektrode liegt fest, während die andere als bewegliche Membran
in geringem Abstand davor eingespannt ist. Weil der Schall
nur von einer Seite auf die Membran einwirken kann und der
Druck eine ungerichtete Größe ist, stellt ein solches Mikrofon einen Druckempfänger mit annähernd kugelförmiger Charakteristik dar.

Infolge des zwischen den Elektroden eingeschlossenen Luftpolsters wird die Schwingung stark gedämpft. Zur Verminderung dieser Dämpfung bzw. zur Erhöhung der Empfindlichkeit
wird das eingeschlossene Luftvolumen vergrößert,
ohne daß die wirksame Elektrodenfläche wesentlich
verkleinert wird, indem man die feste Elektrode
mit Sackbohrungen versieht. Infolge der Kompressi-
bilität der Luft ändern sich dabei die Dämpfungs-
verhältnisse (siehe Bild 50).

Ist C die Ruhekapazität des Kondensatormikrofons,
E die Spannung der Mikrofonbatterie, dann ruft die
durch den Wechselschalldruck bewirkte Kapazitäts-

Bild 50

änderung dC eine Ladungsänderung hervor, deren Ladestrom
über dem Widerstand R in der Zuleitung den Spannungsabfall

$$u = R \frac{dC\,(E - u)}{dt} \tag{6.7}$$

bildet. Der Zeitwert der Kapazitätsänderung bei sinusförmig
schwingender Membran ist

$$C(t) = \frac{A\,\varepsilon_r\,\varepsilon_0}{d + \hat{x}\,\sin\omega t} = \frac{1}{K(d + x)}\,, \tag{6.8}$$

wenn A die Membranfläche, ε die Dielektrizitäts-, ε_o die Verschiebungskonstante, d den Elektrodenabstand der Ruhekapazität C_O und $x = \hat{x} \sin \omega t$ die sich sinusförmig ändernde Membranauslenkung bedeuten. Aus beiden Gleichungen geht hervor, daß der durch die Kapazitätsänderung hervorgerufene Strom und damit die Mikrofonwechselspannung nicht genau sinusförmig verlaufen. Mit

$$C(t) = \frac{1}{K(d + x)} = \frac{1}{K\,d\,(1 + x/d)} = C_O \frac{1}{1 + x/d} \tag{6.9}$$

$$C(t) = C_o\left[1 - \frac{x}{d} + \left(\frac{x}{d}\right)^2 - \left(\frac{x}{d}\right)^3 + \ldots\right] \approx C_o\left[1 - \frac{\hat{x}\,\sin\omega t}{d} + \left(\frac{x\,\sin\omega t}{d}\right)^2\right]$$

erhält man bei Abbruch nach dem quadratischen Glied die erste Ableitung

$$\frac{dC}{dt} = C_o\left[-\frac{\hat{x}\,\omega\cos\omega t}{d} + \frac{\hat{x}^2\,\omega\sin 2\omega t}{d^2}\right] \tag{6.10}$$

Normalerweise ist die Polarisationsspannung E um mehrere Zehnerpotenzen größer als u ; man kann also mit guter Näherung schreiben

$$u \approx R\,E\,\frac{dC}{dt} \tag{6.11}$$

Bei der unteren Grenzfrequenz $\omega_u = 1/(RC_o)$ erhält man die Effektivwerte für die Spannungen der Grundfrequenz und der zweiten Harmonischen

$$U_1 = \frac{\hat{u}_1}{\sqrt{2}} \approx E\,\hat{x}/(d\sqrt{2}) \qquad U_2 = \frac{\hat{u}_2}{\sqrt{2}} \approx \frac{E}{\sqrt{2}}\left(\frac{x}{d}\right)^2 \tag{6.12}$$

Genauere Werte ergeben sich, wenn man auch die Phasenbedingungen beachtet, die sich aus den frequenzabhängigen Spannungsteilern ergeben.

$$U_1 = \frac{E}{\sqrt{2}}\,\frac{\hat{x}}{d}\,\frac{R}{\sqrt{R^2 + (1/(\omega C))^2}} = \frac{E}{\sqrt{2}}\,\frac{\hat{x}}{d}\,\frac{1}{\sqrt{1 + 1/(R\,C)^2}}$$

$$U_2 = \frac{E}{\sqrt{2}} \left(\frac{\hat{x}}{d}\right)^2 \frac{1}{R \cdot 2\omega C} = U_1 \frac{\hat{x}}{2\,d\,R\,\omega\,C} \qquad (6.13)$$

U_1 wächst verhältnisgleich mit E. Die Gleichspannung sollte daher möglichst groß gemacht werden. Soll U_1 im Hörbereich praktisch frequenzunabhängig werden, so wird $\omega RC \gg 1$. Zu diesem Ergebnis kommt man, wenn man R nach folgender Bestimmungsgleichung wählt

$$R \geqslant \frac{1}{2\,\pi\,f_0\,C} \cdot \qquad (6.14)$$

Da C in der Größenordnung von 100 pF liegt, erhält man für R den Wert 60 MΩ. In diesem Fall gilt für die höheren Frequenzen $U_1 = \hat{u}_1/\sqrt{2}$, weil der Einfluß des Spannungsteilers vernachlässigt werden kann.

Wird auch bei der Bestimmung des Klirrfaktors nur die zweite Harmonische berücksichtigt, so erhält man

$$k = \frac{U_2}{U_1} = \frac{1}{2} \frac{\hat{x}}{d} \frac{1}{R\omega C} \qquad (6.15)$$

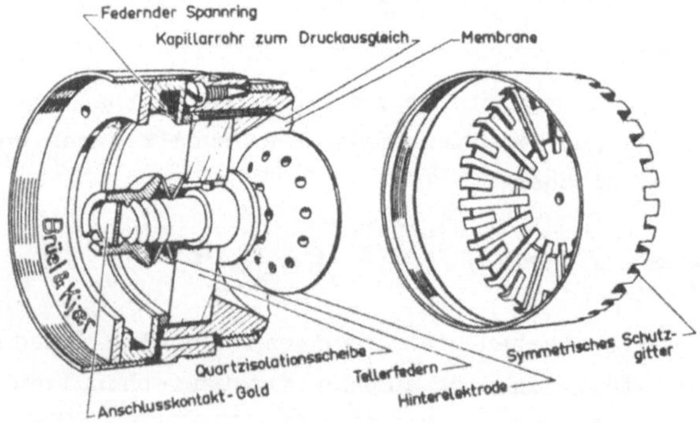

Bild 51: Der Aufbau eines Kondensatormikrofons. Die Membran ist wenige Mikrometer dickes Nickel, die Gegenelektrode bildet mit ihr einen kleinen Kondensator, dessen Kapazität sich bei Auslenkungen der Membran ändert.

6.3.2 Druckgradientenempfänger

Der kapazitive Druckempfänger mit annähernd Kugelcharakteristik besitzt eine schallharte Rückwand, so daß der Wechseldruck nur auf die Vorderseite der Membran einwirken kann.
Setzt man jedoch die Membran beidseitig dem Schall aus, so
spricht sie nur auf den Druckunterschied zwischen Vorder-
und Rückseite an. Das Mikrofon wird damit zum Druckgradientenempfänger, es erhält eine 8-förmige Charakteristik. Der
Druckunterschied ist bei senkrechtem Schalleinfall am größten, während er bei streifendem Auftreffen zu Null wird.

$$u = \hat{u} \cos \delta \qquad\qquad (6.16)$$

Die der Gleichung zugrunde liegende Kennlinie ist von der Frequenz unabhängig.
Dies ist jedoch nur solange der Fall, wie
der Wegunterschied zwischen Vorder- und
Rückseite der Membran klein ist gegenüber
der Wellenlänge, daher gilt sie bei höheren Frequenzen nur bedingt. Konstruktions-
mäßig ist die Membran vor einer perforier-
ten Gegenelektrode angeordnet, damit der
Schall auch von der Rückseite her Zugang
hat.

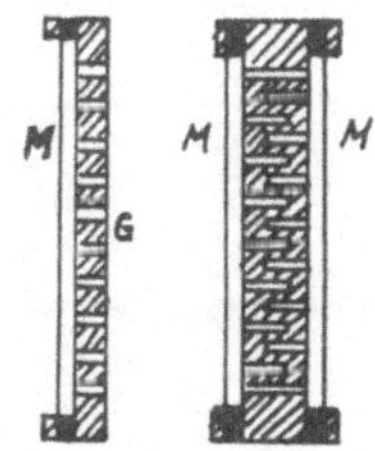

Bild 52: Druck-
gradienten-
Empfänger

Kombiniert man die Merkmale von Kugel- und 8-Charakteristik,
d. h. erschwert man den Schalldurchtritt zur Rückseite, indem man nur wenige Löcher vorsieht, so erhält man ein Mikrofon mit Nierencharakteristik.

$$u = \frac{\hat{u}}{2} (1 + \cos \delta) \qquad\qquad (6.17)$$

Die gleiche Wirkung erhält man auch, wenn auf der Rückseite
eines 8-Mikrofones ein Verzögerungsglied angebracht wird,
das beim rückwärtigen Schalleinfall den Druckunterschied
aufhebt. Diese Aufgabe übernimmt eine zweite Membran, die

elektrisch nicht angeschlossen ist. Diese Membran schwingt
mit einer Phasenverzögerung von 90° und sendet als parasitä-
rer Strahler eine Schallwelle mit einer weiteren Phasenverschiebung von 90° aus; dadurch wird der rückwärtige Schall
kompensiert.

6.3.3 Umschaltbares Kondensatormikrofon

Die Verwendung eines Kondensatormikrofons mit zwei von einander unabhängigen Membranen erlaubt auch die Konstruktion
von in der Charakteristik umschaltbaren Mikrofonen. Die Um-
schaltung kann entweder am Verstärker oder auch unmittelbar
am Mikrofon selbst erfolgen. Sie beruht auf dem Prinzip, daß
durch die Addition zweier seitenvertausch-
ter Kardioiden oder Nieren ein Kreis,
durch die Subtraktion eine Acht entsteht.
Es müssen daher im ersten Fall beide Mem-

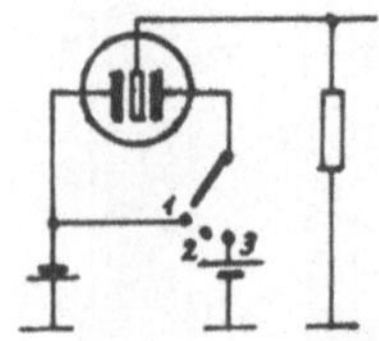
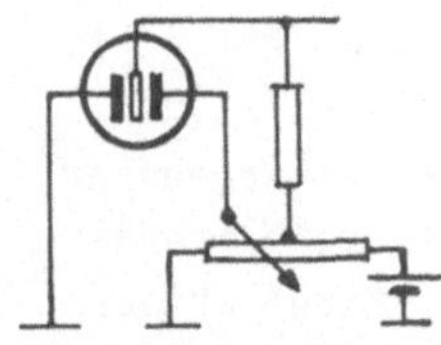

Bild 53: Umschaltbare Mikrofone

branen parallel, im zweiten hintereinander geschaltet werden. Ist nur eine Membran wirksam, die andere also abgeschal-
tet, dann ergibt sich - wie wir schon gesehen haben - eine
Kardioide oder Nierenform. Dies gilt natürlich nicht für
allzu hohe Frequenzen. Durch stetige Veränderung des Potentials an der Umschaltmembran durch einen Spannungsteiler
lassen sich auch Zwischenformen der Kennlinien einstellen.

Liegt die Polarisationsspannung fest an der Hauptmembran und
das veränderliche Potential ($-1 \leqq p \leqq +1$) an der Hilfsmembran,
so läßt sich die richtungsabhängige Spannung durch Addition
darstellen.

$$u_{ges} = \frac{\hat{u}}{2}\left[(1 + \cos\delta) + p(1 - \cos\delta)\right] = \frac{\hat{u}}{2}(1 + p)(1 + \frac{1-p}{1+p}\cos\delta) \tag{6.18}$$

Dabei ergibt sich für p = +1 mit $u_{ges} = \hat{u}$ die Kreiskennlinie, für p = 0 mit $u_{ges} = \frac{\hat{u}}{2}$ (1 + cosδ) die Nierenkennlinie und für p = -1 mit $u_{ges} = \hat{u}$ cosδ die Achterkennlinie.

Bei den Zwischenformen ist p ein echter positiver bzw. negativer Bruch. Da die Richtcharakteristik auch aus der Ferne (Regieraum) umgeschaltet werden kann, sind diese Mikrofone den erforderlichen akustischen Verhältnissen aufs beste angepaßt.

6.3.4 Das Elektret-Kondensatormikrofon

Die Bereitstellung der relativ hohen Polarisierungsspannung für den Betrieb der Kondensatormikrofone bereitete in der Praxis - vor allen Dingen bei transistorisierten Anlagen - oft Schwierigkeiten. Diese sind inzwischen durch den Einsatz von Elektreten überwunden worden.

Elektrete sind Materialien, die nach einer vorangegangenen speziellen Behandlung ein permanentes elektrisches Feld besitzen. Legt man ein solches Elektretmaterial als Dielektrikum zwischen die Elektroden eines Kondensatormikrofons, so erübrigt sich das Anlegen einer Polarisationsspannung von außen. Das zum Betrieb des Mikrofons notwendige elektrische Feld wird nun vom Elektretmaterial bereitgestellt. Auf diese Weise erhält man ein Elektret-Kondensatormikrofon oder kurz Elektretmikrofon. Auf einer starren Gegenelektrode, die eine Anzahl warzenförmiger Wölbungen besitzt, ist eine Elektretfolie aufgebracht. Die Membranelektrode berührt die Elektretfolie nur an den Stellen, an denen die Gegenelektrode vorge-

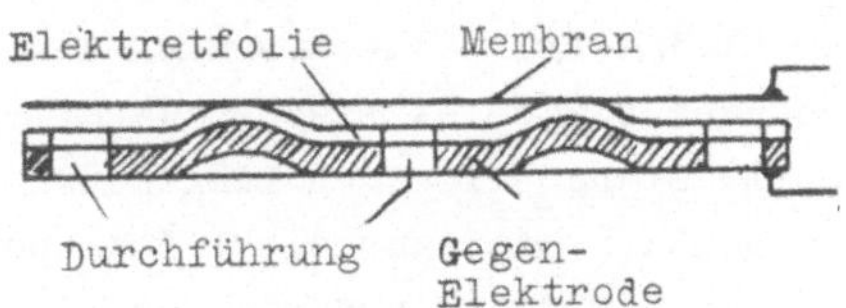

Bild 54: Prinzipieller Aufbau eines Elektretmikrofons

wölbt ist. Ferner sind Gegenelektrode und Elektretfolie mit
einer Reihe von kleinen Durchführungsöffnungen versehen, die
den Raum vor und hinter dieser Elektrode verbinden. Die geometrischen Abmessungen dieser Öffnungen bestimmen die Resonanzfrequenz des gesamten Mikrofonsystems. Entsprechend dem
Empfängergesetz für elektrostatische Schallwandler

$$u = \frac{\frac{U_O}{d} v}{j\omega} = \frac{E_O}{j\omega} \, v \sim \frac{1}{\omega} \, v \tag{6.19}$$

nimmt die von einem Kondensatormikrofon abgegebene elektrische Signalspannung zunächst mit $1/\omega$ ab. Um das zu verhindern, legt man die Eigenresonanz oberhalb des zu übertragenden Frequenzbereichs. Elektretmikrofone sind demnach hochab-
gestimmte Schallempfänger. Der Frequenzgang ihres elektroakustischen Übertragungsmaßes verläuft innerhalb des Über-
tragungsbereiches (fast) linear; oberhalb der Eigenfrequenz
fällt er mit $1/\omega^2$ ab. Die bereits erwähnten Verbindungsöff-
nungen ergeben zusammen mit den dahinter liegenden Hohlräumen eine Anzahl von kleinen Hohlraumresonatoren, die in ihrer Gesamtheit die Mikrofon-Eigenresonanz bestimmen. Mit
der Einführung des Elektretmikrofons sind die elektroakustischen Wandler um ein sehr wertvolles Übertragungsmittel be-
reichert worden.

6.4 Kristallmikrofon oder Keramik-Mikrofon

Sowohl das Kristall- als auch das Keramik-Mikrofon arbeitet
nach dem piezoelektrischen Wandlerprinzip. Es enthält als
Hauptbestandteil einen Biegeschwinger entweder aus einem
Piezo-Quarz oder aus elektrisch polarisierter Piezo-Keramik.
Während der Quarz von sich aus den Piezoeffekt aufweist, müssen die Keramiken durch elektrische Felder polarisiert werden. Zu diesem Zweck wird das Keramikmaterial in einem elektrostatischen Feld sehr großer Feldstärke auf eine Tempera-

tur erwärmt, die oberhalb des Curiepunktes liegt. Kühlt das
Material langsam wieder ab, wobei das Feld aufrecht erhalten
bleibt, so bleibt in der Keramik die Polarisation erhalten.
Im Gegensatz zu den Kristallen sind die Keramiken sehr tem-
peraturunempfindlich.

Bedingt durch die völlig andere Arbeitsweise der piezoelektrischen Wandler gegenüber den dynamischen lassen sich sowohl die tiefen als auch die hohen Frequenzen wesentlich
besser übertragen als mit elektrodynamischen oder magnetischen Mikrofonen. Das Empfängergesetz piezoelektrischer
Wandler lautet

$$u = \frac{\delta \cdot E}{j\omega\varepsilon}\, v \sim \frac{1}{\omega} \tag{6.20}$$

Darin sind δ der Piezomodul, E der Elastizitätsmodul und ε
die Dielektrizitätokonstante. Die Signalspannung des Mikrofons sinkt demnach mit wachsender Frequenz.

Zur Erzielung einer guten Tiefenwiedergabe muß dafür Sorge
getragen werden, daß der Eingangswiderstand des nachfolgenden Verstärkers möglichst groß ist. Aus diesem Grunde ist
jedes gute Piezomikrofon mit einem als Impedanzwandler ge-
schalteten FET abgeschlossen.

Zur Linearisierung des Frequenzganges legt man die Eigenresonanz oberhalb des zu übertragenden Frequenzbereichs, da
dann die hemmende Kraft der Halterung (Federsteife) mit ω
wächst und somit den Frequenzgang des Systems linearisiert.

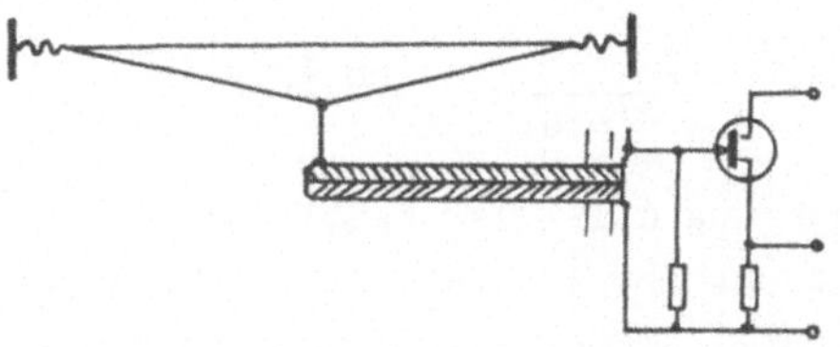

Bild 55 : Piezoelektrischer Wandler

Durch Kombination von zwei Systemen, die in ungefähr 1 cm
Abstand voneinander befestigt und gegeneinander geschaltet
werden, entsteht ein Druckgradientenempfänger, der nur auf
die Unterschiede der aus entgegengesetzten Richtungen auf
beide Elemente einwirkenden Schalldrücke anspricht. Mit einem solchen Mikrofon können Hintergrundgeräusche von einer
Schallquelle in größerer Nähe getrennt werden. Raumgeräusche
werden nicht übertragen, weil bei ihnen der Druck auf beide
Elemente gleich ist.

6.5 Magnetisches Mikrofon

Magnetische Mikrofone bestehen in ihrer einfachsten Ausführung aus einem Permanentmagneten mit mindestens einer Wicklung und einem beweglichen Anker aus Weicheisen, der mit einer Membran gekoppelt ist. Magnet, Anker und Luftspalte bilden einen magnetischen Kreis. Bezeichnet man mit ϕ_0 den
Gleichfluß innerhalb des mag-
netischen Kreises, mit l die
mittlere Feldlinienlänge, mit
n die Windungszahl der Wicklung, mit μ_{Fe} die relative
Permeabilität im Eisenweg und
mit v die Geschwindigkeit, mit
der die Membran durch das
Schallfeld in Bewegung ver-

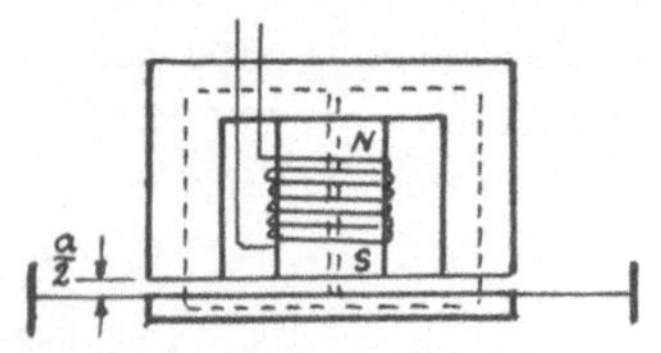

Bild 56: Magnetisches
         Mikrofon

setzt wird, so ist die in der Wicklung induzierte Wechselspannung

$$u = 2\,n\,\frac{\phi_0}{d + 1/\mu_{Fe}}\,v \approx \frac{2\,n\,\phi_0}{d}\,v \tag{6.21}$$

Die Wechselspannung u ist der zeitlichen Änderung der Luft-
spaltbreite, d. h. der Auslenkungsgeschwindigkeit v der Membran proportional. Diese Gleichung beinhaltet das sogenannte
Empfängergesetz des elektromagnetischen Mikrofons.

Der elektroakustische Übertragungsfaktor $\ddot{U}_e$ eines elektromagnetischen Mikrofons ist der Quotient aus induzierter Wechselspannung u und vorhandenem Schalldruck p

$$\ddot{U}_e = \frac{u}{p} \qquad\qquad (6.22)$$

und umso höher, je größer die Gleichfeld-Vormagnetisierung Φ_o des magnetischen Kreises ist. Diese kann allerdings nicht beliebig gesteigert werden, da die Schwingungsweite durch den Luftspalt begrenzt wird. Im übrigen verweise ich auf den magnetischen Lautsprecher, der das gleiche Prinzip behandelt (siehe Kap. 5.5).

Für den Bau von Subminiatur-Mikrofonen eignet sich besonders das sogenannte Vierpolsystem, bei dem auch die
Verzerrungen weitaus ge-
ringer sind als beim ein-
fachen Mikrofon (o. Kap.
5.5). Das Vierpolsystem
besitzt einen drehbar an-
geordneten Zungenanker,
der im Nullzweig einer

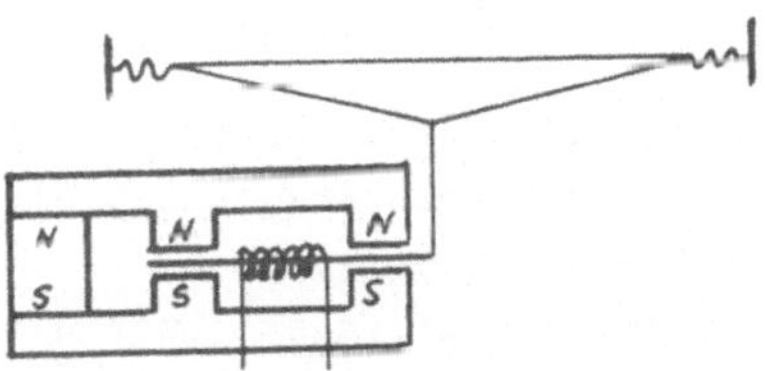

Bild 57: Magnetisches Vierpol-
Subminiatur-Mikrofon

magnetischen Brückenschaltung liegt und infolgedessen nicht vom Gleichfluß durchsetzt wird. Damit entfällt die Möglichkeit der magnetischen Sättigung, die Zunge kann also sehr leicht und dünn ausgelegt werden.

Der Frequenzgang des magnetischen Mikrofons ist sehr ausgeprägt, da er im wesentlichen durch die Eigenresonanz des magnetischen Systems bestimmt wird. Um für den vorgegebenen Übertragungsbereich einen einigermaßen linearen Frequenzgang zu erzielen, koppelt man an das schwingfähige System sogenannte H e l m h o l t z -Resonatoren an, die zu beiden Seiten der Hauptresonanz zusätzliche Resonanzüberhöhungen liefern. H e l m h o l t z -Resonatoren sind akustische Schwingkreise, die aus Luftmassen in Hohlräumen bestehen.

Einen Vergleich der Frequenzgänge von denjenigen Mikrofon-
systemen, die sich besonders in der Subminiatur-Ausführung
bewährt haben, zeigt Bild 58.

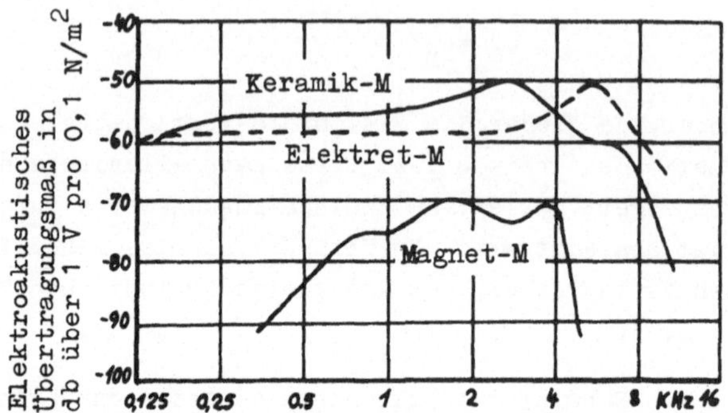

Bild 58: Elektroakustisches Übertragungsmaß
verschiedener Mikrofonsysteme

Wie man sieht, ist der Frequenzgang des Elektretmikrofons vor
allem nach hohen Frequenzen hin noch etwas ausgedehnter als
der des Keramikmikrofons. Das Magnetmikrofon hat von allen
Systemen die geringste Empfindlichkeit und den schlechtesten
Frequenzgang, dafür ist es am einfachsten aufgebaut.

7 Schallspeicherung

7.1 Nadeltonverfahren

Die mechanische Schallspeicherung mittels des Nadeltonver-
fahrens wurde von Thomas E d i s o n im Jahre 1877 erfunden. Bei seinem Phonographen wurden mit Hilfe einer von
Schallwellen aus der Ruhelage ausgelenkten Membran, die mit
einem Schneidstichel gekoppelt war, Furchen schwankender
Tiefe in einen sich drehenden Wachszylinder eingeritzt. Diese sogenannte Tiefenschrift hatte aber den entscheidenden
Nachteil, daß sich je nach der Aussteuerung der Schneidwi-

derstand ändert, so daß hohe Anforderungen an die Gleichlaufsteuerung des Antriebs gestellt werden mußten.

Die Tiefenschrift wurde deshalb bei
der Erfindung des Grammophons durch
die noch heute gebräuchliche Seitenschrift abgelöst. Sie hat eine immer
gleichbleibende Schneidtiefe, daher
ändert sich der Schneidwiderstand
nur sehr wenig. Die über eine rotierende Platte in einer Spirale ge-

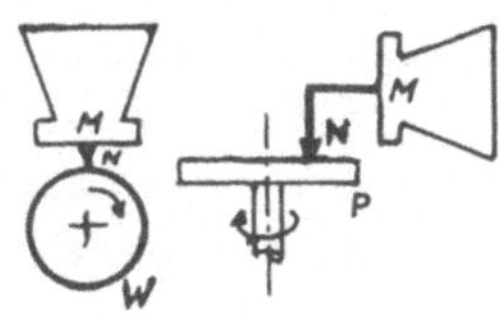

Bild 59:
Phonograph,Grammophon

führte Schreibnadel erfährt durch die von Schallwellen ge-
steuerte Membran seitliche Auslenkungen. Für die Wiedergabe
wird bei der Abtastung eine Membran von der Abtastnadel gesteuert in Schwingungen versetzt.

Beim heutigen Nadeltonverfahren (Schallplatte) benutzt man
sowohl bei der Aufnahme als auch bei der Wiedergabe elektromagnetische oder dynamische Schreiber bzw. Tonabnehmer. Bei
der Wiedergabe hat sich auch das Kristallsystem bewährt,
dessen Wirkung der des Kristallmikrofons entspricht.

Beim magnetischen System ist zwischen den
Polen eines Dauermagneten ein um eine Achse drehbarer Anker angeordnet, der den Stichel bzw. die Nadel trägt. Bei der Aufnahme
wird der in einer Gummihalterung stark ge-
dämpfte Schwinganker von dem durch die
Wicklung fließenden Strom gesteuert. Bei
den so entstehenden Wellenfurchen werden
Schnittgeschwindigkeit v_S und Wellenlänge
λ einer Tonfrequenz f in den äußeren Furchen größer als in den inneren ($\lambda = v_S/f$).

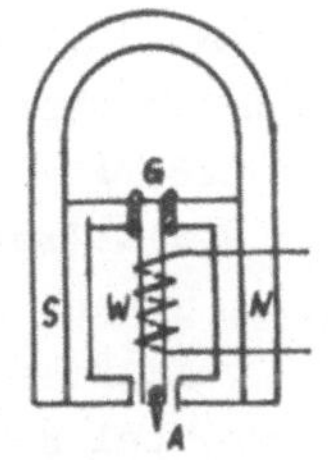

Bild 60:
Elektromagne-
tisches System

Bei der Herstellung werden von einer Wachsplatte, in die die
Aufnahme eingeritzt wurde, auf galvano-plastischem Wege ein
Kupfernegativ (Vater) gewonnen und von diesem wieder ein
Positiv (Mutter), das zur Herstellung der eigentlichen

Kupfermatrizen (Sohn) dient, mit denen die Platten gepreßt
werden. Dieser scheinbare Umweg über Negativ (Vater), Positiv (Mutter) und wieder Negativ (Sohn) ist darin begründet,
daß die Uraufnahme in der Wachsplatte nicht haltbar ist und
deshalb das einzige Original, der Vater, nicht zum Pressen
verwendet werden darf, da sonst Mehrfachauflagen ohne Quali-
tätseinbußen nicht möglich sind.

Bei den alten Schellackplatten betrug der Plattendurchmesser
25 cm oder 30 cm und die Furchentiefe 0,1 mm. Der Abstand
zweier Furchen wurde entsprechend den größten auftretenden
Schwingungsamplituden auf 0,26 mm festgesetzt. Damit war
auch die größte Wiedergabelautstärke gegeben, da die Übertragung rein mechanisch ohne Verstärker vor sich ging.

Der Vorteil der bald eingeführten elektromechanischen Verfahren liegt gegenüber dem rein mechanischen darin, daß neben der Verstärkung Eigenresonanzen und Verzerrungen durch
entsprechende Entzerrer gemildert bzw. vermieden und infolge
Dynamikkompression und -dekompression der Ton- und Lautstär-
keumfang bedeutend erweitert werden konnten. Im Bereich
oberhalb 250 Hz wird der durch die Geschwindigkeitsamplitude $\hat{x}\omega$ = 10,2 cm/s gekennzeichnete Höchstwert der Schallstärke nicht überschritten. Unterhalb von 250 Hz nimmt er zur
Vermeidung zu großer Auslenkungen proportional ω ab, wobei
der Maximalwert der Amplitude $\hat{x}$ = 0,065 mm beträgt. Die
durch $\hat{x}$ nach oben und durch den Störpegel nach unten begrenz-
te Dynamik beträgt im mittleren Tonbereich bei Wachsplatten
52 db, bei Schwarzplatten 38 db, und bei Kunststoffplatten
liegt sie je nach Verfahren dazwischen.

Zur Vermeidung des Nachteils der kurzen Spieldauer wurden
zwei unterschiedliche Wege beschritten. Zunächst einmal
wurde die bei der Schellackplatte übliche Drehzahl von
78 U/min mit der Einführung der Kunststoffplatten auf
45 U/min und 33 U/min herabgesetzt. Es wurden auch Versuche
mit 16 2/3 U/min gemacht, aber wieder aufgegeben.

Gleichzeitig wurde auch die Schwingungsamplitude verringert.
Dem damit verbundenen höheren Rauschanteil besonders bei
höheren Frequenzen begegnete man mit einer mit der Frequenz
langsam steigenden Geschwindigkeitsamplitude bei gleichzei-
tiger Verringerung des Tonabnehmergewichts auf 6 g bis 2 g.

Nebenher lief die Entwicklung
des sogenannten Füllschriftver-
fahrens, bei dem das Rillenpro-
fil beibehalten wurde, mit einer
Breite von 0,13 mm praktisch
gleich der Stegbreite zwischen
zwei Rillen bei unmodulierter
Platte. Während bei der Norm-
schrift die Stegbreite bei der

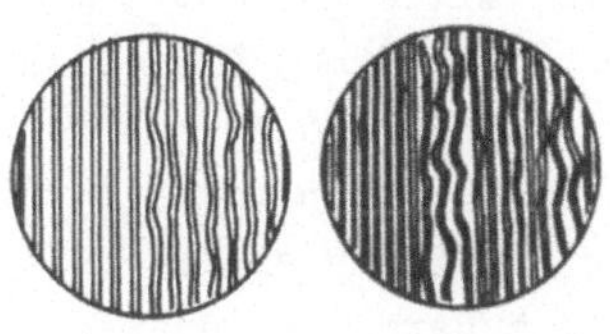

Bild 61:
links: Normalverfahren
rechts: Füllschrift

größten Amplitude auf 0,025 mm absinkt, bleibt sie bei der
Füllschrift unabhängig von der aufzunehmenden Amplitude konstant auf 0,025 mm. Die Aufnahme erfordert ein elektroni-
sches Steuergerät, das mit Hilfe einer Speichereinrichtung
die amplitudenabhängige Führung des Schneidgerätes übernimmt.
Durch die dichtere Beschriftung wird - wie die Praxis zeigt -
etwa 70 % (!) an nutzbarer Fläche gewonnen, was einer entsprechenden Verlängerung der Spielzeit gleichkommt. Die beim
Füllschriftverfahren durch die Abstandsteuerung entstehenden
Verzerrungen bleiben unhörbar, da sie unterhalb des hörbaren
Bereiches des menschlichen Ohres liegen.

Bei der Aufzeichnung von Stereo-Signalen wird die Schneid-
ebene gegenüber der Plattenebene um 45° gedreht und das Ril-
lenprofil auf 90° vergrößert. Auf diese Weise ist es möglich,
mit zwei voneinander unabhängigen Steuergeräten den Schneidstichel so zu bewegen, daß das eine Signal nur die eine Ril-
lenflanke und das andere nur die andere Flanke moduliert.
Die durch diese kombinierte Tiefen- und Seitenschrift her-
aufgesetzten Anforderungen an die Gleichlaufsteuerung sind
geringer als bei reiner Tiefenschrift und müssen dabei in
Kauf genommen werden. Sie werden aber von der inzwischen
vervollkommneten Technik ohne weiteres beherrscht.

<u>Beispiel 6:</u>

Über eine Schellackplatte liegen folgende Angaben vor:
Drehzahl n = 78 U/min, äußerer Rillendurchmesser D_1 = 30 cm,
innerer Rillendurchmesser D_2 = 10 cm, Rillenbreite = Stegbreite b_R = 0,13 mm, Rillentiefe t_R = 0,06 mm, Rillenabstand
(von Mitte zu Mitte) a = 0,26 mm, maximale Auslenkung
$\hat{x}_m$ = 0,065 mm, Frequenzgang: 250 Hz ... 7000 Hz linear,
50 Hz ... 250 Hz mit der Frequenz fallend, Durchmesser der
Abtastnadelspitze D_n = 0,1 mm.
Zu ermitteln sind:
1a) äußere und innere Umfangsgeschwindigkeiten,
 b) die aufgezeichneten Wellenlängen für die Grenzfrequen-
    zen f_u = 50 Hz und f_o = 7000 Hz,
2a) die maximale Schnelle,
 b) die höchstzulässige Schnelle bei 50 Hz,
3a) der durch Amplitudengleichhaltung bei 50 Hz entstehende
    Lautstärkeabfall,
 b) zusätzlicher Lautstärkegewinn durch Verminderung der
    Stegbreite von 0,065 mm auf 0,025 mm,
4) die Spieldauer der Platte,
5) Länge der Schallfurche,
6) Öffnungswinkel der Schallrille,
7) Verhältnis der Wellenlängen zum Durchmesser der Nadelspitze für die obere Grenzfrequenz a)bei der äußeren,
   b) bei der inneren Schallrille.

Lösung:

1a) Die Umfangsgeschwindigkeit v_u = nπD liefert Werte
    v_{u1} = 78 $\min^{-1} \cdot 60^{-1} \cdot 3{,}14 \cdot 30$ cm = 122,4 cm/s,
    v_{u2} = 40,8 cm/s.
 b) Als Wellenlängen λ = v_u/f ergeben sich λ_{u1} = 2,45 cm,
    λ_{u2} = 0,816 cm, λ_{o1} = 0,0175 cm, λ_{o2} = 0,0058 cm.
2a) Die maximale Schnelle liegt bei 250 Hz mit v_m = $\omega\hat{x}_m$ =
    $6{,}28 \cdot 250$ $s^{-1} \cdot 0{,}065$ cm = 102,5 cm/s.
 b) die Schnelle bei 50 Hz ist v_{50} = v_m/5 = 20,5 cm/s.

3a) Der Lautstärkeabfall ergibt sich aus dem Schnellever-
   hältnis v_m/v_{50} = 102,5/20,5 = 5 $\hat{=}$ 14 db.

 b) durch Verminderung der Stegbreite läßt sich die Dynamik
   steigern um 0,09 cm/0,065 cm = 1,4 $\hat{=}$ 3 db.

4) Die Spieldauer beträgt T_s = $(D_1 - D_2)/2 \cdot 1/na$ =
   10 cm/(78 $min^{-1} \cdot$ 0,026 cm) = 4,8 min.

5) Die Schallfurche hat eine Länge l_s = $T_s \cdot (v_{u1}+v_{u2})/2$ =
   288 s $\cdot$ 81,6 cm/s = 23500 cm.

6) Der Öffnungswinkel ist α = 2 arc tan $(2\ t_R/b_R)$ =
   2 arc tan (0,12/o,13) = $85^o32'$.

7) Das Verhältnis der Wellenlängen zum Durchmesser der Nadelspitze ist

   a) λ_{o1}/D_n = 0,175 mm/0,1 mm = 1,75
   b) λ_{o2}/D_n = 0,058 mm/0,1 mm = 0,58

   Eine Abtastung bei hohen Frequenzen ist nicht mehr möglich, wenn der Radius der Nadelspitze größer ist als der
   Krümmungsradius der Rillenauslenkung. Dieser Nachteil
   macht sich besonders bei den inneren Furchen bemerkbar.

7.2 Magnettonverfahren

Beim Magnettonverfahren, das Ende des 19. Jahrhunderts von
P o u l s e n erfunden wurde, wird ein dünner Stahldraht
mit einer Geschwindigkeit von einigen Metern pro Sekunde an
einem Elektromagneten, der durch die Signalströme gespeist
wird, vorbeigeführt. Im Stahldraht entsteht auf diese Weise
eine sich im Signalrhythmus ändernde Quermagnetisierung.
Bei der Wiedergabe wird der Draht mit der gleichen Geschwindigkeit an einem mit einer Spule versehenen Weicheisenkern
vorbeigezogen, so daß durch den wechselnden Induktionsfluß
Ströme in der Spule entstehen, die in Schallwellen umgewandelt werden können. Der Nachteil dieses Stahldrahtverfahrens
besteht in dem direkten magnetischen Schluß zwischen benach-
barten Zonen unterschiedlicher Magnetisierung. Dadurch wird

die Aufzeichnung teilweise (und frequenzabhängig) wieder
entmagnetisiert. Zum anderen können durch Kontakt mit be-
nachbarten Lagen auf der Aufwickelspule unerwünschte Kopier-
effekte auftreten. Drittens sind relativ große Drahtlängen
erforderlich, wodurch die Geräte unhandlich und schwer werden.

Zur Herabsetzung des Kopiereffektes und der Entmagnetisie-
rungsverluste wurde das Magnetband eingeführt, das aus einer
unmagnetischen Grundmasse als Tonträger mit großer Reißfe-
stigkeit und etwa 30 µm Dicke besteht. Auf diesen Träger
wird eine ca. 20 µm starke Ferritschicht mit einem Körnchen-
durchmesser von 0,1 bis 1 µm aufgetragen. Bei der zunächst
angewandten Gleichstromvormagnetisierung läßt sich ein Frequenzband von 50 bis 6000 Hz aufzeichnen. Das Magnetbandver-
fahren hat neben dem Vorteil des geringeren Raumbedarfs und
der Verminderung der Kopier- und Entmagnetisierungseffekte
auch den, daß eine einmal gemachte Aufzeichnung auf Wunsch
wieder gelöscht und das Band neu bespielt werden kann.

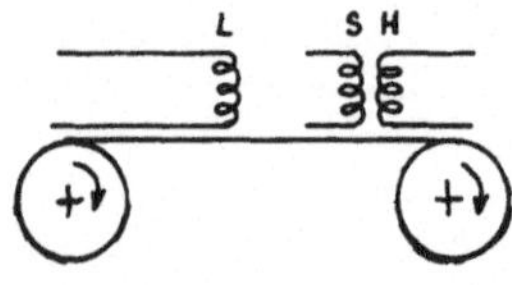

Bild 62: Anordnung
der Magnetköpfe beim
Magnettonverfahren

Von Interesse sind die physikalischen
Vorgänge innerhalb des Schriftträgers.
Zur Vereinfachung geht man zunächst
von einem homogenen Medium mit kontinuierlich verlaufendem magnetischen
Fluß aus. Für ein Magnetband mit in-
homogener Schicht gilt bei mittleren
und tiefen Frequenzen in erster Nähe-
rung das gleiche. Die magnetischen Grundeigenschaften gehen
aus dem B = f(H) - Diagramm hervor, in dem die Remanenz B
in Abhängigkeit von der Feldstärke H dargestellt ist. Von
besonderer Bedeutung sind die Sättigungsremanenz B_S, die
Sättigungskoerzitivkraft H_{cs} und die Sättigungsfeldstärke H_S.
Bei einer Bandgeschwindigkeit von 38 cm/s schwanken die auf-
zuzeichnenden Wellenlängen zwischen 12,3 mm für f_u = 30 Hz
und 25,4 µm für f_o = 15 kHz; die Abstände der magnetischen
Pole entsprechen dem halben Wert für die höchste Frequenz.

Bei der Verfolgung des Magnetisie-
rungsvorganges gehen wir von einem
unbespielten (jungfräulichen) Band
und von dem Maximalwert der Feldstärke H_1 aus, dessen Sättigungs-
zustand 1 das betrachtete Teilchen
des Bandes im Erregerfeld des 12 μm
breiten Sprechkopfes S erreicht.
Nachdem das Teilchen das starke
Feld oberhalb des Luftspaltes verlassen hat, H also Null geworden
ist, sinkt die Induktion auf den
Betrag 2. Nach dem Verlassen des
Tonkopfes und nach Aufhebung des
magnetischen Kurzschlusses durch
das Polblech des Kopfes fällt sie
weiter unter dem selbstentmagne-
tisicrenden Einfluß des Feldes be-
nachbarter Teilchen noch weiter

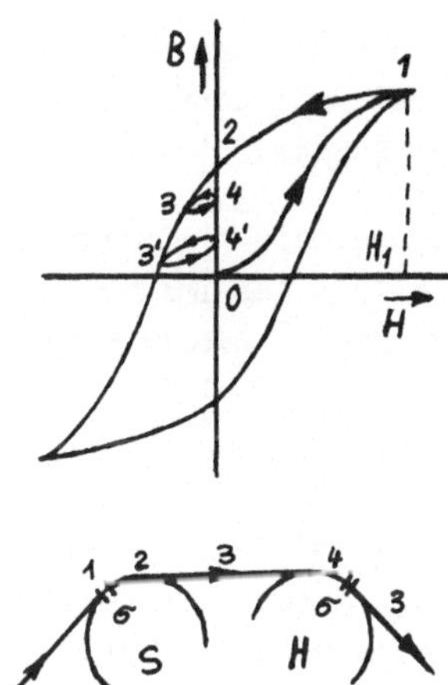

Bild 63: Magnetlsche
Zustandsänderungen ei-
nes Teilchcns während
der Aufnahme und Wie-
dergabe

auf den Remanenzpunkt 3 ab. In diesem Zustand bleibt das
Band, bis es in den Bereich des Hörkopfes gelangt. Unter der
Einwirkung des erneuten magnetischen Kurzschlusses durch den
Polschuh steigt die Induktion auf den Wert 4 an und kehrt
nach dem Verlassen des Kopfes wieder zum Betrag 3 zurück,
der auch bei wiederholter Abspielung ohne Pegeleinbuße erhalten bleibt. Bei höheren Frequenzen ist der Vorgang der
gleiche wie bei tieferen mit dem Unterschied, daß der Rema-
nenzwert 3' und die Induktion 4' kleiner sind als bei niedri-
ger Frequenz.

Das Frequenzverhalten läßt sich in erster Näherung durch die
Beziehung

$$a = e^{-\frac{f}{f_1}} \tag{7.1}$$

ausdrücken, wobei f_1 diejenige Frequenz ist, bei welcher der
Pegel von seinem ursprünglichen Wert auf den e^{-1}fachen Wert

zurückgeht. Diese Bandflußdämpfung hat für verschiedene
Bandausführungen unterschiedliche Werte, sie ist in beson-
derem Maße kennzeichnend für die Übertragungseigenschaften
des Bandes.

Als weitere frequenzbestimmende Größe macht sich die Schrägstellung des Luftspaltes sowie die Spaltbreite des Hörkopfes
bemerkbar. Die Dämpfung hängt nach der Spaltfunktion

$$f(\beta) = \frac{\sin(\pi\sigma/\lambda)}{\pi\sigma/\lambda} \qquad (7.2)$$

mit $\beta = \pi\sigma/\lambda$ von dem Verhältnis der Spaltbreite σ zur Wellen-
Länge λ der aufgezeichneten Frequenz ab. Für $\sigma = n\lambda$ ist
$f(\beta) = 0$; mit $\sigma \ll \lambda$ wird $f(\beta) \approx 1$. Bei Spaltbreiten, die zwischen den angegebenen Größen liegen, weicht der Funktions-
wert entsprechend den Grenzwerten 1 und 0 ab. Die Spaltbreite, die sich aus mechanischen Gründen nicht beliebig herab-
setzen läßt, soll auch bei hohen Frequenzen kleiner als die
Halbwellenlänge sein, damit ein stärkerer Abfall vermieden
wird.

Die Eignung des Bandes für die magnetische Schallaufzeich-
nung wird durch die Remanenzkennlinie angezeigt. Diese geht
aus den Hystereseschleifen hervor,
wenn man die aus den B = f(H)-
Kurven sich ergebenden remanenten
Induktionswerte in Abhängigkeit
von den sie erzeugenden magnetischen Feldern darstellt. Die oberhalb und unterhalb des 0-Punktes
liegenden Äste der Kennlinie sind

Bild 64:
Remanenzkennlinien

spiegelbildlich gleich. Beide haben ein gekrümmtes Anlauf-,
ein fast lineares Mittel- und ein gekrümmtes Sättigungsge-
biet. Für die niederfrequente Aufzeichnung eignet sich nur
der geradlinige mittlere Teil,dessen Arbeitspunkt durch eine
entsprechende Gleichstromvormagnetisierung festgelegt werden
kann.

Eine beidseitige Ausnutzung der Remanenzkennlinie ist durch
Anwendung des Gegentaktverfahrens möglich, wenn zwei Band-
spuren mit entgegengesetzter Gleichstromvormagnetisierung
gleich beschriftet und die Komponenten im Hörkopf wieder zu-
sammengesetzt werden, so daß die Einzelströme i_1 und i_2 als
Summe den Wechselstrom i_3 mit doppelter Amplitude ergeben.
Beim Gegentaktverfahren werden die Krümmungen um den O-Punkt
durch Zusammenfassung in der Gegentaktkennlinie linearisiert.
Der Nachteil dieses Verfahrens ist jedoch, daß zwei Spuren
mit gleicher Modulation gleichzeitig benötigt werden. Dadurch wird die Kapazität des Bandes halbiert.

Bei Anwendung der Hochfre-
quenzvormagnetisierung
kommt man zu einem fast
gleichen Ergebnis mit dem
Unterschied, daß man zwar
nur die Hälfte der Aus-
gangsspannung erhält, da-
für aber mit nur einer
Spur auskommt. Bei diesem
Verfahren wird die Pola-
rität der Vormagnetisie-
rung mit einer Frequenz
von ca. 60 bis 75 kHz um-
gepolt, so daß dauernd
zwischen den beiden Ar-
beitspunkten A und A' um-

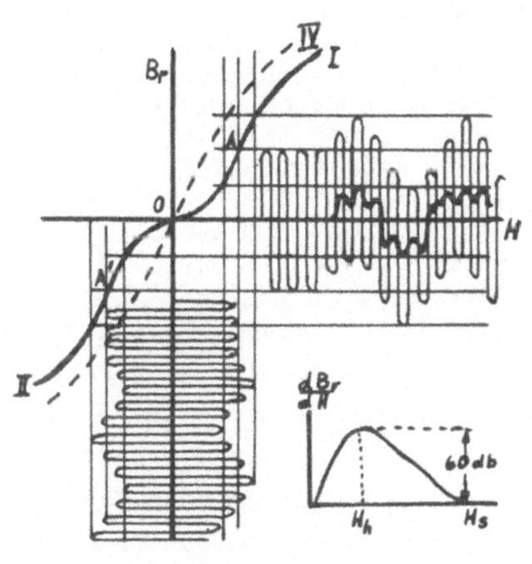

Bild 65: Hochfrequenzvormagneti-
sierung und Empfindlichkeit

geschaltet wird. Im unmodulierten Zustand laufen die durch
die Punkte A und A' führenden H- bzw. B_r-Amplitudenbegren-
zungslinien parallel zu den Koordinatenachsen. Bei der Aufzeichnung schwanken sie nach Maßgabe der Signalfrequenz um
diese Ruhelage. Die Hüllkurven geben den Grad der Verschiebung des Hochfrequenzträgers und damit die Überschußwerte
der remanenten Induktion an. Die Einbuchtungen liegen im
Ultraschallgebiet, sind also unhörbar und werden zudem durch
die für sie viel zu große Spaltbreite stark gedämpft.

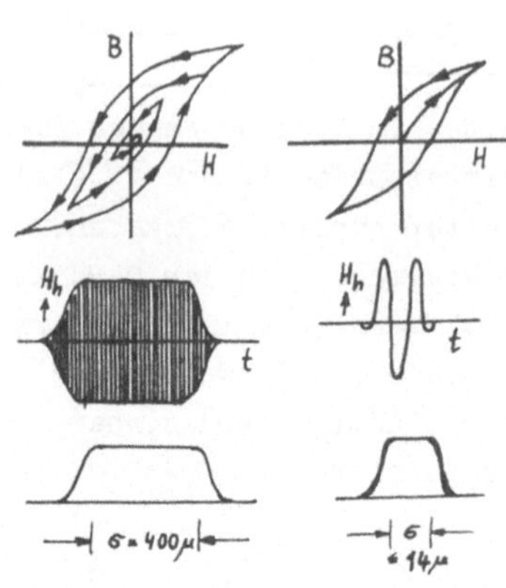

Bild 66: Magnetisierungs-
vorgänge im Löschkopf und
Sprechkopf und zeitlicher
Verlauf der Feldstärke

Bei der Betrachtung der Vorgänge wurde davon ausgegangen,
daß ein magnetisch neutrales
Band, d. h. ein Band ohne Aufzeichnung verwendet wird. Ist
dies nicht der Fall, dann addiert sich die neue Feldstärke zu der alten. Das Ergebnis
ist eine doppelte Modulation,
bei der beide Signalinhalte
auf dem Band gespeichert sind.
Normalerweise ist dies uner-
wünscht. Deshalb muß jedes
Band vor der Aufnahme gelöscht
werden. Der dazu verwendete
Löschkopf hat einen ca. 400 μm
breiten Luftspalt. Der Lösch-

kopfstrom hat etwa die zehnfache Stärke des Signalstromes,
so daß die Ferritteilchen mit Sicherheit in die Sättigung
ausgesteuert werden. Erreicht ein Teilchen das Feld über dem
Löschkopf-Luftspalt, so wird es zum wiederholten Male die
Sättigungskurve durchlaufen, um dann allmählich bei abklingender Feldstärke dem 0-Wert zuzustreben. Auf diese Weise
ist es möglich, vorher aufgenommene Schrift zu löschen und
dabei den durch unerwünschte Remanenz bewirkten Störpegel
weitgehend zu senken. Durch diese Maßnahme wird die Betriebs-
dynamik gegenüber der Gleichstromvormagnetisierung von 40 db
auf ca. 60 db erhöht.

Beispiel 7:

Bei einem Tonbandgerät ist die Bandgeschwindigkeit v_b =
76,2 cm/s, die Bandflußdämpfung 1 Neper bei f_1 = 7500 Hz,
die Spaltbreite des Hörkopfes σ = 15 μ, die Tonspurbreite
h = 6 mm. Zu ermitteln sind:
1) Das Verhältnis der im Hörkopf induzierten Spannungen für
f_u= 30 Hz und f_o= 15 kHz bei Vernachlässigung der Dämpfung

2) die Bandflußdämpfungen bei den Frequenzen f_2 = 750 Hz
und f_0 = 15 kHz.

3) Die Spaltdämpfungen bei den Frequenzen f_3 = 7500 Hz und
  f_0 = 15000 Hz

4) Die Aufnahmedauer eines l_m = 1000 m langen Bandes.

Lösung:

1) Das Spannungsverhältnis der Grenzfrequenzen bei Vernachlässigung der Dämpfung ist
$$\frac{U_0}{U_u} = \frac{f_0}{f_u} = \frac{15000 \text{ s}^{-1}}{30 \text{ s}^{-1}} = 500 \,\hat{=}\, 54 \text{ db}.$$

2) Die Bandflußdämpfung $a = e^{-(f/f_1)}$ liefert folgende Werte:
$$a_2 = e^{-750/7500} = e^{-0,1} = 1,105^{-1} \,\hat{=}\, -0,85 \text{ db}$$
$$a_0 = e^{-15000/7500} = e^{-2} = 7,39^{-1} \,\hat{=}\, -17,5 \text{ db}$$

3) Die Spaltdämpfung $f(\beta) = \sin(\pi\sigma/\lambda)/(\pi\sigma/\lambda)$ mit
$\lambda_1 = v_b/f_1 = 76,2$ cm/s / 7500 1/s = 101,6 μ; $\lambda_2 = 50,8\,\mu$

$$f(\beta_1) = \frac{\sin(\pi 15\mu/101,6\mu)}{\pi 15\mu/101,6\mu} = \frac{\sin 26,5^{\circ}}{0,466} = \frac{0,446}{0,466} = 1,04^{-1}$$
$$\hat{=}\, -0,3 \text{ db}$$
$$f(\beta_2) = \sin(\pi \cdot 15\mu/50,8\mu)/(\pi 15\mu/50,8\mu) = 1,16^{-1} \,\hat{=}\, -1,3 \text{ db}$$

4) Die Aufnahmedauer T_m = 100000 cm/76,2 cm/s = 1313 s .
$$= 21,9 \text{ min.}$$

7.3 Lichttonverfahren

Die ersten Versuche einer optischen Tonaufzeichnung wurden
im Jahre 1900 von R u h m e r unternommen. Beim Lichttonverfahren wird ein Lichtstrahl entweder nach dem Intensitäts-
oder nach dem Amplitudenverfahren gesteuert. Dem entsprechend entsteht im ersten Falle nach dem Entwickeln des Films
ein Band von senkrecht zur Laufrichtung liegenden parallelen
Streifen unterschiedlicher Durchlässigkeit oder Schwärzung,
die Dichte- oder Sprossenschrift. Im zweiten Fall wird nur
ein Teil der Tonspur geschwärzt, dafür aber total, es ent-

steht die Zackenschrift, die je nach dem Aufnahmeverfahren
als Ein- oder Vielzackenschrift aus dem Amplitudenverfahren
gewonnen wird. Dabei sind die Amplituden auf der Tonspur bestimmend für die Laut-
stärke, die Zahl der
Wellenberge und -täler
je Längeneinheit für die
Frequenz oder Tonhöhe.
Vorteil der Sprossen-
schrift ist, daß die ge-
samte Tonspurbreite be-
lichtet wird, daß sich
also Verschmutzung etc.
nur verhältnismäßig we-
nig störend bemerkbar
macht. Der Nachteil ist,

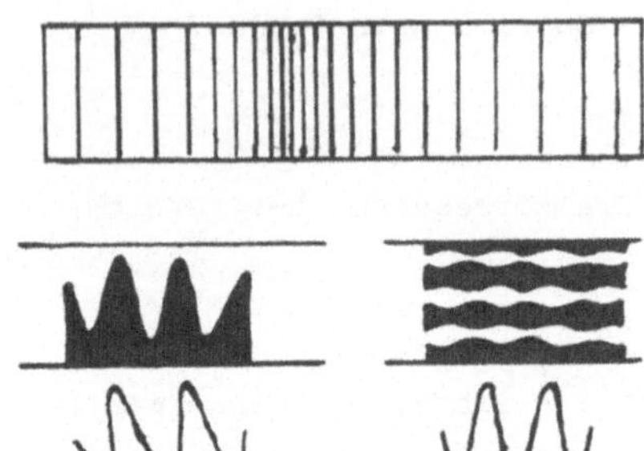

Bild 67: Sprossen-, Ein- und
        Vielzackenschrift

daß zur Aufzeichnung vieler Lautstärkestufen auch viele
Grautöne wiedergegeben werden müssen, deren Schwärzungsgrad
sich proportional der Signalamplitude ändert. Bei der Zak-
kenschrift fällt dieser Nachteil fort, denn es gibt nur zwei
Schwärzungsgrade: Durchlässig und nicht-durchlässig. Dafür
wirken sich Staubteilchen auf dem nicht belichteten Teil der
Tonspur viel stärker aus als bei der Sprossenschrift. Aus
diesem Grunde wurde die Vielzackenschrift eingeführt, bei
der sich keine großen Flächen bilden.

7.3.1 Aufzeichnung durch selbstleuchtende Lichtsteuergeräte

Für die Lichtsteuerung nach dem Intensitätsverfahren werden
vor allem selbstleuchtende Lichtsteuergeräte verwendet. Das
sind Lichtquellen, deren Intensität den Steuerströmen auch
bei hohen Frequenzen noch hinreichend schnell folgt. Damit
scheiden Glühlampen wegen ihrer thermischen Trägheit aus.
Verwendbar sind jedoch Lampen, deren Leuchtwirkung auf einer

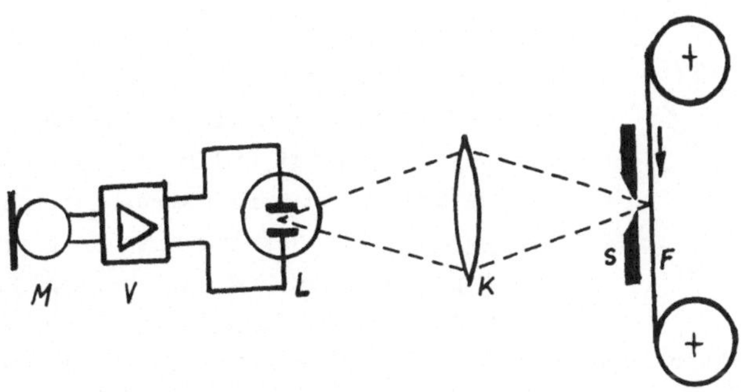

Bild 68: Optischer Tonschreiber

Gasentladung oder einem Lichtbogen beruht, da diese praktisch trägheitslos sind. Diesen Anforderungen genügen die
Glimmlampe, die Leuchtdiode und die Bogenlampe, deren Elektroden abgedeckt sind, so daß nur der eigentliche Lichtbogen leuchtet. Bei diesen Lichtquellen wird der Sprechstrom
dem Ruhestrom (Betriebsstrom) überlagert. Besondere Beach-
tung verdienen dabei Maßnahmen zur Linearisierung der Übertragungskennlinien. Ein weiteres selbstleuchtendes Licht-
steuergerät ist die Kathodenstrahlröhre, bei der die Stärke
des Elektronenstromes und damit die Helligkeit des Leucht-
punktes durch eine Steuerspannung trägheitslos verändert
werden kann.

7.3.2 Aufzeichnung durch Steuerung von Lichtschleusen

Als Lichtschleusen werden solche Geräte bezeichnet, die die
Intensität einer konstanten Lichtquelle in Abhängigkeit von
der zugeführten Modulationsspannung variieren. Solche Schleu-
sen gibt es für die Aufzeichnung sowohl von Sprossen- als
auch von Zackenschrift. Sie sollen im Tonfrequenzbereich
praktisch trägheitslos arbeiten, was nur durch weitgehende
Herabsetzung der schwingenden Massen und bei hinreichender
Dämpfung möglich ist.

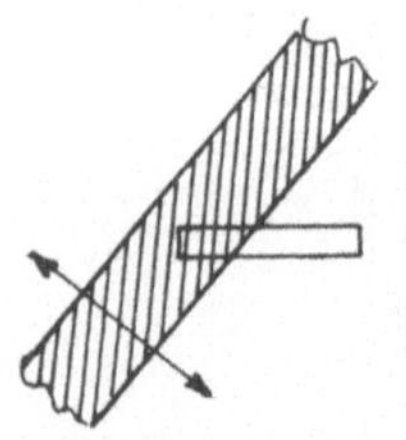

Bild 69:
Saitenoszillograph

Beim Saitenoszillographen liegt ein bewegliches Leiterband in einem starken Magnetfeld in einem kleinen Winkel zum Lichtspalt geneigt und gibt diesen zur Hälfte frei. Vom Sprechstrom durchflossen gerät es in Schwingungen in Richtung des Doppelpfeiles, so daß je nach Größe der Schwingungsamplitude mehr oder weniger Licht durch den Spalt hindurchtreten kann. Die Schrägstellung des Leiters hat Zackenschrift zur Folge. Zur Erzeugung von Sprossenschrift muß das Leiterband parallel zum Lichtspalt schwingen und diesen in seiner gesamten Länge partiell abdecken.

Beim Spiegeloszillographen ruht die Blende, bewegt wird nur ihr trägheitsloses Bild. Das von der Lichtquelle kommende

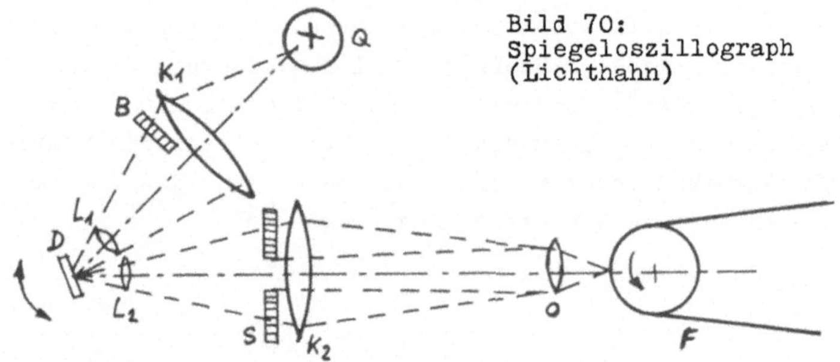

Bild 70:
Spiegeloszillograph
(Lichthahn)

Strahlenbündel gelangt durch den Kondensator an der Blende vorbei auf einen Drehspiegel und von hier aus durch den Spalt und einen weiteren Kondensator in das Objektiv und damit auf den Film. Die Blende, deren Rand für Mehrzackenschrift mit einer entsprechenden Anzahl von Kerben versehen ist, wird so eingestellt, daß im unbesprochenen Zustand etwa die halbe Spaltfläche vom Licht durchsetzt wird. Bei einer Drehung des Spiegels durch den Signalstrom schwingt das Bild der Blende entsprechend zum Spalt und läßt nur eine Teillichtmenge im Takt der Modulationsschwingungen hindurch-

fallen. Ist der Blendenrand geradlinig und wird er parallel
zum Spalt abgebildet, so entsteht auch hier anstelle der
Zackenschrift die Sprossenschrift.

Eine besondere Lichtschleuse, bei der auch Sprossenschrift
entsteht, ist die K e r r -Zelle. Sie arbeitet völlig trägheitslos. Die Zelle ist mit einer doppelbrechenden Flüssigkeit (Nitrobenzol oder Nitrotoluol) gefüllt. An die beiden

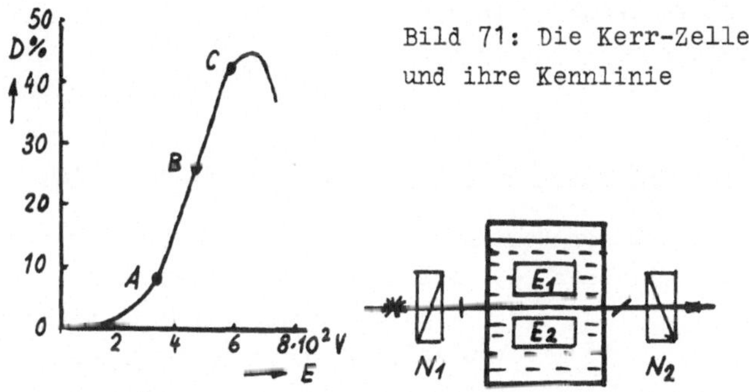

Bild 71: Die Kerr-Zelle
und ihre Kennlinie

in sie eintauchenden Elektroden wird die Steuerspannung gelegt, so daß sich zwischen ihnen ein elektrisches Feld auf-
baut. Vor und hinter der Zelle befinden sich zwei gegeneinander gekreuzte Nicol'sche Prismen, von denen das erste das
ankommende Licht polarisiert, so daß es nur in einer Ebene
schwingend zwischen den Elektroden hindurchtritt. Solange
diese frei von Spannung sind, wird der polarisierte Lichtstrahl vom zweiten (gekreuzten) Nicol vollständig zurückge-
halten. Erst unter dem Einfluß eines elektrischen Feldes
wird die Polarisationsebene im Nitrobenzol mehr oder weniger
gedreht. Daher wird ein entsprechender Teil des Lichtes
jetzt auch vom zweiten Prisma hindurchgelassen. Der Grad der
Drehung und damit der Lichtdurchlässigkeit der Zelle hängt
von der Größe der angelegten Spannung und des dadurch hervorgerufenen elektrischen Feldes ab. D gibt die Lichtdurchlässigkeit in %, E die den Elektroden zugeführte Spannung in
Volt an. Da zur Vermeidung von nicht-linearen Verzerrungen
nur der geradlinige Teil der Kennlinie ausgenutzt werden

darf, wird die Zelle durch eine Spannung von 450 V auf den
Arbeitspunkt B voreingestellt. Dieser Gleichspannung darf
zur vollen Aussteuerung eine Wechselspannung von ± 75 V
Spitze - Spitze überlagert werden, wobei die Lichtdurchläs-
sigkeit um ± 18 % des absoluten Wertes oder um ± 70 % des
Ruhewertes schwankt, der für einen mittleren Schwärzungs-
grad auf dem Film notwendig ist. Die verhältnismäßig hohe
Spannung an den Elektroden schränkt die Anwendbarkeit der
Kerrzelle weitgehend ein.

7.3.3 Photographische Eigenschaften des Filmmaterials

Bei einem nach der Belichtung entwickelten Film läßt sich
für jede Stelle ein bestimmter Wert der Schwärzung angeben.

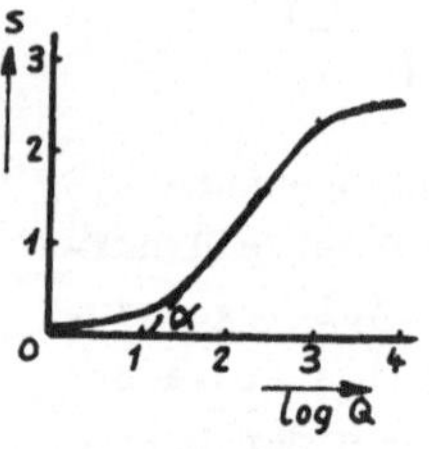

Er wird durch das geltende Verhältnis
von auftreffendem zu durchgelassenem
Licht dargestellt. Das Verhältnis v
heißt Opazität, der Kehrwert 1/v
Transparenz. Die Schwärzung s ist der
Logarithmus des Verhältnisses v

$$s = \lg v = \lg \frac{J_0}{J} , \qquad (7.3)$$

Bild 72: Verlauf
der Schwärzung

wobei J_0 die Stärke des auffallenden,
J die des durchgelassenen Lichtes ist. Der so definierte Be-
griff der Schwärzung kennzeichnet auch die photographische
Eigenschaft des Films. Diese und die aufgenommene Lichtmenge
Q sind bestimmend für die Schwärzung s. Trägt man s in Abhängigkeit von Q auf, so erhält man die Schwärzungskurve.
Sie ist nur im mittleren Teil geradlinig. Die Steilheit
γ = tanα ist kennzeichnend für die in erster Näherung gültige Gleichung der Schwärzungskurve. Dabei ist k eine Konstante

$$s = k + \gamma \lg Q \qquad (7.4)$$

Die Steilheit γ wird auch Gradation des Films genannt. Sie
hängt nicht nur von den Eigenschaften des Films, sondern
auch von der Zusammensetzung und der Temperatur des Entwick-
lers sowie in geringem Maße auch von der Entwicklungszeit
ab.

7.3.4 Senkung des Geräuschpegels

Von großer Bedeutung ist - wie schon erwähnt - die bei der
Tonschrift aufgezeichnete Dynamik. Sie hängt vom erreichba-
ren Amplitudenhöchstwert, der bei der Sprossenschrift von
der Filmgeschwindigkeit und der Spaltbreite, bei der Zackenschrift hauptsächlich von der Tonspurbreite bestimmt wird,
und vom Amplitudenkleinstwert, der nicht im Störpegel unter-
gehen darf, ab. Die Störungen entstehen durch Unregelmäßig-
keiten in der Emulsionsschicht, durch Kratzer und Verschmutzung. Sie wirken sich vornehmlich bei leisen Tonstellen aus.
Daher blendet man bei der Zackenschrift mit Klartonverfahren
Stellen geringerer Lautstärke so ab, daß der nicht zur Aufzeichnung benötigte Teil der Tonspur gleichmäßig geschwärzt
wird. Bei der Sprossenschrift erhöht man bei leisen Stellen
den Grauanteil durch entsprechende Änderung der Vorspannung
am Steuergerät. Dies setzt
natürlich - ähnlich wie
beim Füllschriftverfahren
bei der Schallplatte -
einen beträchtlichen Auf-
wand an Speicher- und
Steuermitteln voraus.

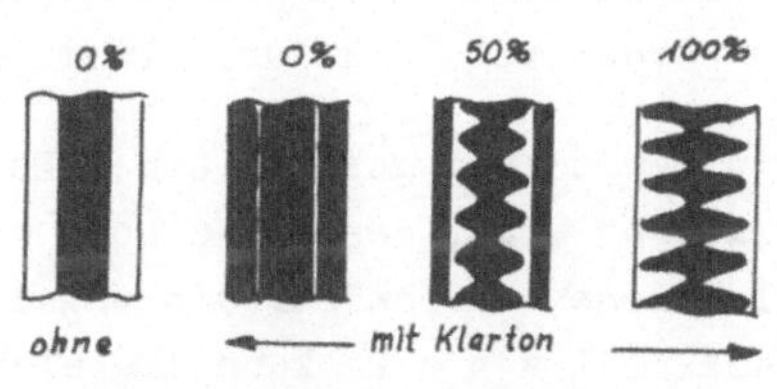

Bild 73: Klartonverfahren

Die grobkörnige Beschaffenheit des Films kann durch Verwendung von Lampen mit langwelligem (rötlichem) Licht teilweise
ausgeglichen werden. Trotzdem läßt sich die Qualität des
Lichttonverfahrens nicht mit der des Magnettonverfahrens
vergleichen.

7.3.5 Photoelektrische Tonabnahme

Tonfilme mit Sprossen- und Zackenschrift werden in gleicher
Weise wiedergegeben. Als Lichtquelle dient dabei meist eine
Niedervolt-Metallfadenlampe, die mit Hilfe eines Kondensa-
tors den Lichtspalt S gleichmäßig ausleuchtet. Dieser wird
durch das Objektiv verkleinert auf dem Film F abgebildet.

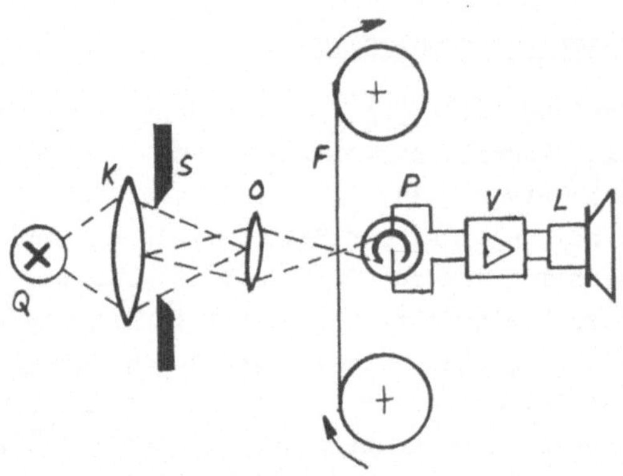

Bild 74: Filmabtaster beim Lichttonverfahren

Hinter dem Film fällt das durch die variable Schwärzung mo-
dulierte Licht auf eine lichtelektrische Zelle P, die die
Helligkeitsschwankungen in Stromschwankungen umwandelt. Diese werden verstärkt und einem Lautsprecher zugeleitet.

Die Umwandlung geht in einer Fotozelle, einem Entladungsge-
fäß, vor sich, dessen Kathode unter dem Einfluß des Lichtes
Elektronen aussendet, die von der Anode aufgenommen werden.
Nach P l a n c k kann die elektromagnetische Lichtenergie
nur in kleinsten, unteilbaren Mengen, den Lichtquanten, aus-
gestrahlt werden. Beim Auftreffen eines Lichtquants bestimmter Größe auf eine lichtelektrische Elektrode wird ein Elektron frei. Die vom Elektron aufgenommene Energie und die des
Lichtquants hängen wie folgt zusammen:

$$h\,f = q\,u + W_a = \frac{1}{2}\,m\,v_m^2 + W_a \tag{7.5}$$

Hierin bedeutet h das Planck'sche Wirkungsquantum
($h = 6,6256 \cdot 10^{-34}$ Js), f die Frequenz des Lichtes, q die
elektrische Elementarladung ($q = 1,602 \cdot 10^{-19}$ As), m die Elektronenmasse ($m = 0,9108 \cdot 10^{-30}$ kg), u das Aufladepotential,
auf das sich die Elektrode bei Bestrahlung mit dem Lichtquant auflädt, und W_a die Austrittsarbeit, die das Elektron
beim Verlassen der Elektrode zu verrichten hat; v_m ist die
größte Geschwindigkeit des ausgelösten Elektrons.

Bei zunehmender Bestrahlung wächst der Photostrom proportional der einfallenden Lichtmenge aber nur dann, wenn mindestens der Betrag der Sättigungsspannung als Saugspannung
zwischen Kathode und Anode der Zelle liegt.

Von besonderer Bedeutung für die Elektronenausbeute der Photozelle ist der Werkstoff, mit dem die lichtempfindliche
Kathode überzogen ist, da die Metalle sich bezüglich des
Photoeffektes verschieden verhalten. Zunächst einmal ist die
Austrittsarbeit für die Elektronen verschieden. Die hierfür
notwendige Energie muß vom Licht geliefert werden. Das bedeutet, daß unterhalb einer bestimmten Frequenz f_u keine
Elektronen austreten können.

$$h \, (f - f_u) = q \, u = \frac{1}{2} \, m \, v_m^{\,2} \qquad\qquad (7.6)$$

Der Überschuß an Energie dient zur Beschleunigung der Elektronen.

Alkalimetalle zeigen eine besondere Eigentümlichkeit bei der
Elektronenemission, den selektiven Photoeffekt. Er äußert
sich darin, daß jedes Alkalimetall in einem charakteristischen Frequenzgebiet eine besonders hohe Empfindlichkeit E
aufweist. Der selektive Effekt hängt von der Reinheit des
Metalls ab. Daher kann die Frequenzabhängigkeit einer Elektrode in weiten Grenzen den Erfordernissen angepaßt werden.
Normalerweise wird dabei die Kathode mit einer nur wenige
Atomstärken dicken Alkalischicht überzogen (aktiviert). Im

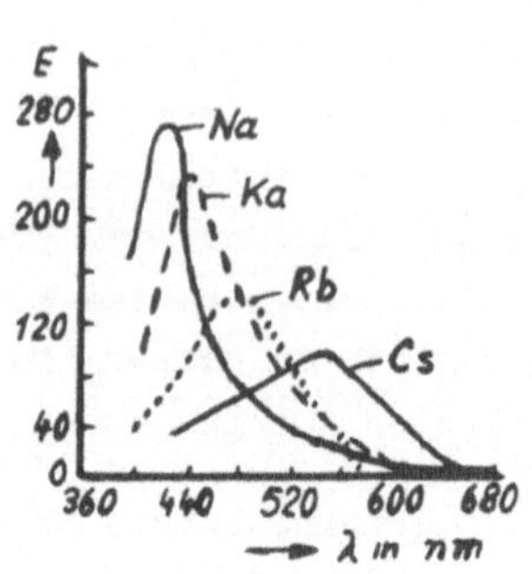

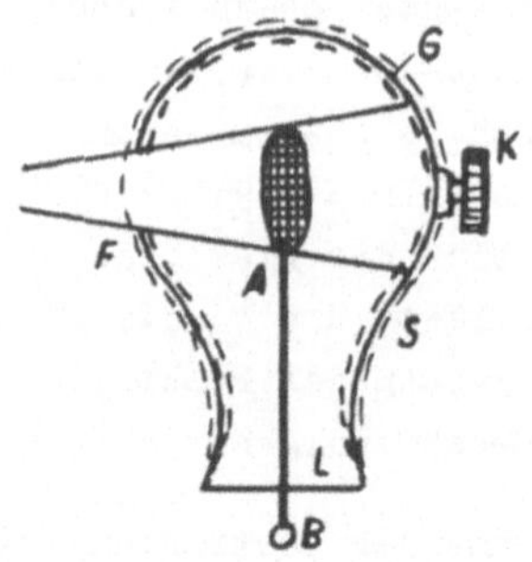

Bild 75: Selektiver
Photoeffekt

Bild 76: Aufbau einer
Photozelle

Bild 75 ist der selektive Effekt für einige Kathodenmateri-
alien dargestellt.

Eine Photozelle kann als Vakuumzelle oder mit Edelgasfüllung
betrieben werden. Vakuumzellen werden mit Saugspannungen von
20 bis 30 V betrieben. Sie haben eine sehr große Konstanz
des Photostromes bei gegebener Belichtung. Dafür ist die Elektronenausbeute nicht allzu groß. Beim Tonfilmverfahren verwendet man meist Edelgaszellen der größeren Empfindlichkeit wegen. In ihnen wird der Elektronenstrom durch Stoßionisation stark erhöht.

Der die Elektronen auslösende Lichtstrom Φ wird in Lumen (lm) gemessen. Der Photostrom einer Vakuumzelle steigt

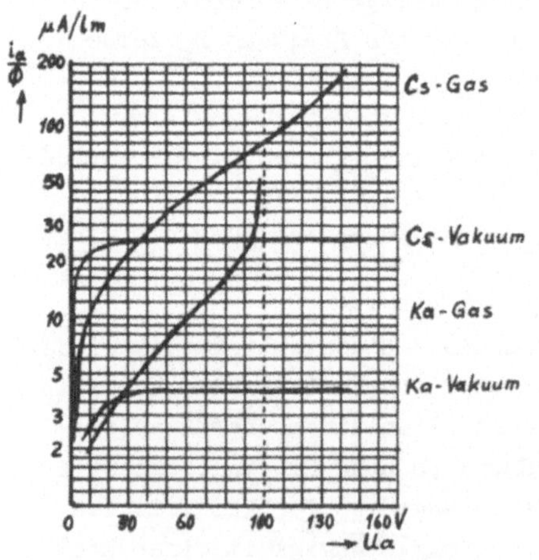

Bild 77: Strom-Spannungskennli-
nien von Photozellen

zunächst sehr schnell, dann langsamer bis zu einem Sätti-
gungswert. Die Sättigungsspannung liegt meist unter 40 V.
Die Kennlinien der Gaszellen verlaufen bis etwa 20 V ähnlich
denjenigen der Vakuumzellen. Oberhalb einer für jedes Edel-
gas charakteristischen Spannung, der Ionisierungsspannung,
steigt der Photostrom mit wachsender Saugspannung sehr steil
an und erreicht ein Vielfaches des Stromes der Vakuumzellen.
Die durch Stoßionisation entstandenen Elektronen, die ihrer-
seits weitere Gasatome ionisieren können, und die positiven
Ionen verstärken den Photostrom. Dieser erreicht seinen
Höchstwert etwa 30 V unterhalb der Zündspannung, in deren
Nähe die Ladungsträgerkonzentration so stark geworden ist,
daß eine Glimmentladung einsetzt. Dieser Bereich ist dann
aber nicht mehr vom einfallenden Licht abhängig: Die Zelle
wird für Übertragungsaufgaben unbrauchbar. Die Betriebsspan-
nungen für Gaszellen liegen daher zwischen 60 und 100 V.

Zur Verstärkung des Photoelektrischen Effektes bei Vakuumzellen nutzt man die Sekundärelektronenemission durch Caesium oder mit Caesium aktivierte
Prallelektroden aus. Die an der Photo-
kathode K durch den Lichtstrahl L ausgelösten Primärelektronen treffen unter Wirkung einer beschleunigenden
Spannung zunächst auf die Prallelek-
trode C_1, an der sie Sekundärelektro-
nen freisetzen, deren Anzahl diejenige der Primärelektronen um ein Vielfaches übertrifft. Durch das anschlie-

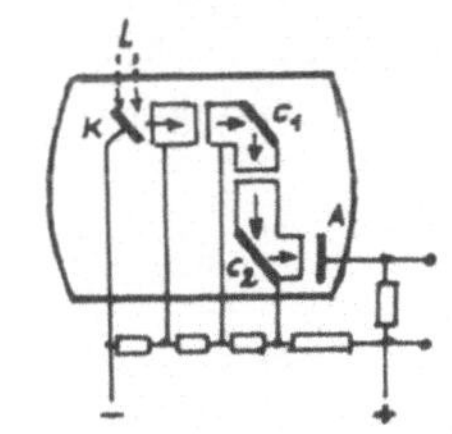

Bild 78: Photo-
Elektronenverviel-
facher

ßende Beschleunigungsfeld werden sie der Elektrode C_2 zugeführt, wo sie durch Aufprall wieder ein Vielfaches an Terti-
ärelektronen auslösen, die dann unter der Wirkung des elektrischen Feldes der Anode A zugeführt werden. Die Verstärkung je Stufe ist im Mittel 4 bis 8-fach bei 60 bis 100 V
durchfallener Spannung. Bei den früher verwendeten zehnstu-
figen Röhren erreichte man Verstärkungen von über 10^6.

Der Vorteil gegenüber der üblichen Verstärkung mit widerstandsgekoppelten Verstärkerstufen liegt darin, daß infolge des Fehlens eines Ruhestromes und der dadurch bedingten Rauschspannung sich etwa 50 bis 100mal schwächere Signale störspiegelfrei verstärken lassen.

Die für die Wiedergabe von Tonfilmen benutzte Photozelle ist betriebsmäßig in einem besonderen Lichttonteil untergebracht, das an dem Projektorgehäuse befestigt ist. Das Lichttongerät enthält außerdem eine geeignete Optik, die einen im Strahlengang befindlichen mechanischen Spalt verkleinert und mit großer Schärfe auf dem Film abbildet. Das Strahlenbündel geht von einer Tonkerze aus, deren Niedervolt-Glühwendel als Lichtquellpunkt genau zentriert ist.

Eine Gleichlaufvorrichtung fängt den ruckweise vom Projektorgetriebe gesteuert ablaufenden Film über eine hinreichend große Schleife auf, dämpft die Stoßbewegung und wandelt diese unter dem Einfluß der mit konstanter Winkelgeschwindigkeit drehenden Nachtransportrolle in einen stetigen Gleichlauf um, so daß Schwankungen und damit verbundene akustische Störungen vermieden werden.

Weiterführende Literatur

Büscher/Wiegelmann: Kleines ABC der Elektroakustik
                München 1972

Cremer L.   Wissenschaftliche Grundlagen der Raumakustik
                 Bd. 1 u. 3   Leipzig 1950

Cremer L.   Vorlesungen über Technische Akustik, 2. Aufl.
                 Berlin 1975

Feldtkeller/Zwicker: Das Ohr als Nachrichtenempfänger
                 Stuttgart 1967

Fischer F.   Grundzüge der Elektroakustik
                 Berlin 1950

Hecht H.   Die elektroakustischen Wandler
                 Leipzig 1951

Isophon-Werke   Lautsprecher Handbuch, 7. Aufl.
                 Berlin 1965

Lichte/Narath   Physik und Technik des Tonfilms, 3. Aufl.
                 Leipzig 1945

Meyer Eppler   Elektrische Klangerzeugung
                 Bonn 1949

Meyer/Neumann   Physikalische und Technische Akustik
                 Braunschweig 1967

Petzold H.   Elektroakustik Bd. 1
                 Leipzig 1951

Reichhardt   Grundlagen der Elektroakustik
                 Leipzig 1960

Trendelenburg   Einführung in die Akustik
                 Berlin 1961

Veit I.   Technische Akustik - kurz und bündig
                 Würzburg 1974

Wagner K. W.   Einführung in die Lehre von Schwingungen und
                 Wellen, 2. Aufl. Wiesbaden 1947

DIN Normen 45 500

DIN Normen 52 215

Einige Abbildungen wurden den Handbüchern über elektroakustische Meßverfahren 1977 von Brüel & Kjaer sowie den Vortragsveröffentlichungen der TA Esslingen über aktuelle Probleme der Technischen Akustik 1976 entnommen.

Verwendete Formelzeichen

a Amplitude (allgemein); Beschleunigung; Fläche (zum Unterschied von A)

A Fläche, Oberfläche

α Winkel; Dämpfungskoeffizient; Absorptionsgrad

B Magnetische Induktion

β Winkel; Phasenkoeffizient, Winkelkonstante

c Ausbreitungsgeschwindigkeit

C Kapazität

γ Verhältnis der spezifischen Wärmekapazitäten; Gradation

d Abstand; Differenztonfaktor

D Schalldämmzahl; Dämm-Maß

δ Winkel; Verlustwinkel; Ausdehnungskoeffizient; Piezomodul

e Augenblickswert der Spannung

E Gleichspannung; Elastizitätsmodul; Energie

ε Permittivität

ε_0 Elektrische Feldkonstante

f Frequenz, Schwingungen pro Sekunde

F Kraft

ϕ Geschwindigkeitspotential; Magnetischer Fluß; Lichtstrom

φ Phasenwinkel

G Leitwert

h Planck'sches Wirkungsquantum

H Magnetische Feldstärke

i Augenblickswert des Stromes

I Stromstärke

J (Schall)Intensität

k Konstante; Klirrfaktor

l Länge

L Induktivität; Schallpegel

L_S Lautstärkepegel

λ Wellenlänge

m Masse

M Elektromechanischer Kopplungsfaktor; Kraftfaktor

μ Permeabilität

n ganze positive Zahl; Brechungsindex, Brechzahl

p Schalldruck
p_0 Gleichdruck, Nenndruck
P Leistung
q Geschwindigkeit der Volumänderung; Elementarladung
Q Lichtmenge
r Radius; Reibungskoeffizient; Reflexionsfaktor
R (Ohmscher) Widerstand
ϱ Dichte
s Steifigkeit; Schwärzungsgrad
S Lautheit
σ Spaltbreite
t Zeit
T Periodendauer
ϑ Temperatur
u Augenblickswert der Spannung
U Umdrehungszahl; Spannung
Üe Elektromechanischer Übertragungsfaktor
v Schallschnelle; Opazität des Films
v_s Schnittgeschwindigkeit
V Volumen
V_s Silbenverständlichkeit
w Windungszahl
W Arbeit
x zurückgelegte Wegstrecke
Z Scheinwiderstand
Z_0 Schallkennimpedanz, Schallwellenwiderstand
Z_k Strahlungswiderstand
z_0 Schallkennimpedanz (zum Unterschied von Z_0)
η Wirkungsgrad
ψ Phasenwinkel (zum Unterschied von φ)
ω Kreisfrequenz

<u>Sachverzeichnis</u>

Teubner-Lehrbücher für Ingenieure

Tholl

Bauelemente der Halbleiterelektronik
Teil 1. Grundlagen, Dioden und Transistoren
1976. 248 Seiten. Kart. DM 36,-
Teil 2. Feldeffekt-Transistoren, Thyristoren
und Optoelektronik
1978. 334 Seiten. Kart. DM 38,-
(Moeller, Leitfaden der Elektrotechnik,
 Band III/1 und III/2)

Borucki

Grundlagen der Digitaltechnik
1977. 250 Seiten. Kart. DM 36,-
(Moeller, Leitfaden der Elektrotechnik, Band X)

Fricke/Lamberts/Patzelt

Grundlagen der elektrischen Nachrichtenübertragung
1979. Ca. 400 Seiten. Geb. ca. DM 44,-
(Moeller, Leitfaden der Elektrotechnik, Band XI)

Schmidt u.a.

Digitalschaltungen mit Mikroprozessoren
1978. 207 Seiten. Kart. DM 22,80
(Leitfaden der angewandten Informatik)

Waldschmidt

Schaltungen der Datenverarbeitung
1979. Ca. 300 Seiten. Kart. ca. DM 38,-

Preisänderungen vorbehalten

Teubner Studienskripten Elektrotechnik

Oberg,   Berechnung nichtlinearer Schaltungen
            für die Nachrichtenübertragung
            168 Seiten. DM 1o,8o

Pregla/Schlosser, Passive Netzwerke
            Analyse und Synthese
            198 Seiten. DM 12,8o

Römisch,   Berechnung von Verstärkerschaltungen
            2., durchgesehene Auflage.
            192 Seiten. DM 12,8o

Schaller/Nüchel, Nachrichtenverarbeitung

            Band 1 Digitale Schaltkreise
            161 Seiten. DM 1o,8o

            Band 2 Entwurf digitaler Schaltwerke
            2., überarbeitete Auflage.
            168 Seiten. DM 12,8o

            Band 3 Entwurf von Schaltwerken
            mit Mikroprozessoren
            155 Seiten. DM 12,8o

Schlachetzki/v.Münch, Integrierte Schaltungen
            255 Seiten. DM 16,8o

Schmidt,   Digitalelektronisches Praktikum
            2., durchgesehene Auflage.
            238 Seiten. DM 14,8o

Thiel,   Elektrisches Messen nichtelektrischer Größen
            238 Seiten. DM 15,8o

Unger,   Hochfrequenztechnik in Funk und Radar
            223 Seiten. DM 12,8o

Vaske,   Berechnung von Gleichstromschaltungen
            2., durchgesehene Auflage.
            117 Seiten. DM 1o,8o

Vaske,   Berechnung von Drehstromschaltungen
            18o Seiten. DM 1o,8o

Vaske,   Übertragungsverhalten elektrischer Netzwerke
            2., durchgesehene Auflage.
            158 Seiten. DM 1o,8o

Vaske,   Berechnung von Wechselstromschaltungen
            224 Seiten. DM 12,8o

Weber,   Laplace-Transformation für Ingenieure
            der Elektrotechnik
            2., durchgesehene Auflage.
            197 Seiten. DM 14,8o

Westermann, Laser
            19o Seiten. DM 12,8o

Preisänderungen vorbehalten